兽医病例解析

主　编　吕永智　张传师　黄石磊

副主编　贺闪闪　雍　康　唐　欢

重庆大学出版社

内容简介

本书根据一线临床教师提供的动物病例报告,选择性地收录了多种动物病例,并按照发病动物类型分为犬病篇、猫病篇、猪病篇、牛羊病篇、禽病篇、水生动物篇共六大篇章,包含常见动物寄生虫病、动物病毒病、动物细菌病、动物内科病、动物外科病等。对患病动物的基本信息和病史、临床检查、实验室检查、诊断结果、治疗和预后、病例解析做了详细说明。本书内容求新求实,注重实践环节,有助于读者对疾病的理解和辨别。

本书可供高职高专畜牧兽医专业、动物医学专业、动物防疫检疫专业、宠物医疗技术专业等相关专业教学使用,也可作为兽医从业人员和相关专业人员的参考书。

图书在版编目(CIP)数据

兽医病例解析/吕永智,张传师,黄石磊主编. --

重庆:重庆大学出版社,2024.11

 ISBN 978-7-5689-4273-7

Ⅰ.①兽… Ⅱ.①吕… ②张… ③黄… Ⅲ.①动物疾病—病案—分析 Ⅳ.①S85

中国国家版本馆 CIP 数据核字(2023)第 234183 号

兽医病例解析

主 编 吕永智 张传师 黄石磊
副主编 贺闪闪 雍 康 唐 欢
责任编辑:范 琪　版式设计:范 琪
责任校对:关德强　责任印制:张 策

*

重庆大学出版社出版发行
出版人:陈晓阳
社址:重庆市沙坪坝区大学城西路 21 号
邮编:401331
电话:(023)88617190　88617185(中小学)
传真:(023)88617186　88617166
网址:http://www.cqup.com.cn
邮箱:fxk@ cqup. com. cn(营销中心)
全国新华书店经销
重庆新生代彩印技术有限公司印刷

*

开本:787mm×1092mm　1/16　印张:12　字数:302 千
2024 年 11 月第 1 版　2024 年 11 月第 1 次印刷
ISBN 978-7-5689-4273-7　定价:42.00 元

前言
Foreword

教育是党之大计、国之大计。高等职业教育的培养目标是培养生产需要的高等专门技术人才。职业教育是技术技能人才的摇篮,它能促进就业、创业、创新,推动中国的制造业和服务业走向高质量发展,成为推进国家进步的重要基石。为全面落实党的二十大精神,深化教育教学改革,系统化地培育技能型人才,努力打造具有中国特色且达到世界水平的高等职业教育,我们在以往教材编写上做了改变。本书以具体案例引出相关知识点,并以案例分析加深理解,立足于农业高职高专的特性,以满足社会需求为宗旨,以阐述基础理论并强调应用为重点,在保证教材内容的科学性和系统性的同时,力求突出其实践性和应用性,以贴合读者需求。

本书融入了众多实际临床病例,包括犬、猫、猪、牛、羊、鸡等多种动物,涵盖动物寄生虫病、动物病毒病、动物细菌病、动物内科病、动物外科病等多个领域。以清晰的思路,简洁有力的语言,突出主次,内容全面,覆盖了基本信息和病史、临床检查、实验室检查、诊断结果、治疗和预后、病例解析。全面分析了实际工作中遇到的各种病例,重点强调了血清生化检查的综合判读,非常适合一线兽医从业者阅读。

本书中有些病例的检查结果超出了参考范围,但并无相关临床表现,这可能是由统计学原因造成的,这些都是判读的重要关键点,了解这些可有效避免误判。我们也尽最大努力收录了一些其他家养动物的案例,但出于各种原因,有些病例的检查数据并不充足,这对大家来说无疑是一种挑战。

在编写过程中大家集思广益、分工合作。本书由吕永智、张传师、黄石磊担任主编,贺闪闪、雍康、唐欢担任副主编,杨庆稳、徐茂森、李思琪、向邦全、刘丹丹、李珍珍、吴有华、任思宇、张超、母治平、张其彬参编。其中,吕永智、贺闪闪、徐茂森等负责编写犬病篇;杨庆稳、黄石磊、刘丹丹等负责编写猫病篇;张传师、雍康、吴有华等负责编写牛羊病篇;黄石磊、向邦全、张其彬等负责编写猪病篇;唐欢、母治平、李思琪等编写负责编写禽病篇;任思宇、张超、李珍珍等负责编写水生动物篇。此外,还收到了来自宠物医院、养殖场、基层畜牧兽医站等一线临床兽医的支持与指导,提供了许多珍贵的图片和案例,在此一并表示感谢。

由于作者水平有限,书中缺点和不足在所难免,恳请广大师生、读者、专家批评指正,以便今后进一步修订。

编　者

2024 年 8 月

目录
Contents

1 犬病篇

病例 1　一例德牧犬角膜血管翳的诊治

◎ **基本信息和病史**

德牧犬,雄性,3 岁,未绝育,常有外出高强度训练史,疫苗、驱虫完整,食欲正常。主诉于2020 年 6 月 1 日前后发现双眼红,常有交替性抓挠眼部,之后双眼病况逐渐加重,训练能力及视力下降,不爱活动,抓挠更为频繁。主人带其去当地宠物诊所看诊,医生未作明确诊断,建议购买抗菌消炎眼药水每日多次使用,使用后未见明显好转。

◎ **临床检查**

该犬双眼角膜大面积呈粉红色,色素沉着,右眼更为严重,角膜中心偏外侧有不规则黑色素沉着,角膜表面凹凸不平,威胁反应减弱,有羞明、抗拒触碰眼睑附近的症状(图 1.1)。

图 1.1　双眼角膜病变

◎ **实验室检查**

血常规、生化、心肺功能检查,检查指标均在正常范围内。

◎ **诊断结果**

该犬为角膜血管翳,是一种慢性特发性角膜炎,患病动物中以德牧犬以及相关血统杂种犬较常见。

◎ **治疗和预后**

术前全身体检,评估身体机能和麻醉风险,评估后未见异常,选择呼吸麻醉方式进行角膜浅表性切除。

术前准备:丙泊酚诱导麻醉后进行气管插管,异氟烷吸入麻醉维持,动物仰卧保定,对术部进行剃毛备皮,使用稀释的聚维酮碘溶液进行眼部消毒,准备手术。

手术过程:使用眼睑张开器充分暴露术部,使用板层刀在角膜坏死区域做一个正方形的切迹,然后从靠近患犬的一侧开始进行角膜切除术,将角膜坏死的区域彻底切除干净,不能残余任何坏死区域。小心地去除病灶四周坏死或疑似坏死或感染的角膜组织。每当完成清创操作时,创面会被人为地扩大1~2 mm。将临近的球结膜与眼球筋膜鞘分离15~20 mm。注意皮瓣的边缘要比植床宽1~2 mm,使用8/0可吸收线进行缝合。最后将第三眼睑遮盖1周,保护眼表面。

术后护理:皮下注射氨苄西林0.2 mL/kg,并配合使用0.1%地塞米松或1%醋酸泼尼松龙眼膏。

遗憾的是术后3个月左右,患犬右眼又出现色素,相较于第一次色素层面积稍有减小,左眼已基本痊愈,视力明显提高,于是选择再次进行单侧角膜浅表性切除。

术后遵医嘱,定期复查,1个月之后,右眼基本痊愈,色素层大面积减小,出现黑色素沉着。经过坚持局部抗菌消炎,配合皮质类固醇抑制血管新生,该患犬痊愈。

◎ 病例解析

慢性浅层角膜炎是一种需要长期使用甾体类抗炎药物的疾病,但不可忽视角膜溃疡、感染,以及医源性艾迪森氏综合征等风险,需要定期复查全身机能状态和眼部状况,眼科医生要尽可能减少副作用的发生,谨慎对待。

病例2 一例金毛骨折的手术治疗

◎ **基本信息和病史**

金毛犬,雌性,在遛狗途中被车撞飞4 m,宠物被撞飞后无法站立。

◎ **临床检查**

该犬体温38.4 ℃,观察宠物全身,在确定安全的情况下,伸手触摸患犬骨折处,用听诊器听心率是否正常、闻口腔是否充满血腥味。

◎ **实验室检查**

血常规、生化、凝血检查,DR检查。

◎ **诊断结果**

血常规检查结果显示,白细胞升高,说明有炎症,其他指标正常。生化检查结果显示胆红素升高,肝脏受到损伤。凝血检查结果正常。DR检查可清晰看见右后肢骨折处(图1.2)。

◎ **治疗和预后**

先对患犬右前肢安留置针,再将其带入手术室先诱导麻醉,在手术台上给患犬安装呼吸麻醉管,观察呼吸是否正常,对骨折右后腿剃毛消毒。兽医解剖开骨折处肌肉组织(图1.3),将骨头复位,安装钢板,并缠绕骨科铁丝固定骨折处。

住院观察7天,并每天输液治疗。用药如下:静脉滴注0.9%氯化钠注射液80 mL,注射用氨苄西林钠2.5 mL,维生素B_{12} 2.5 mL,甲硝唑60 mL。

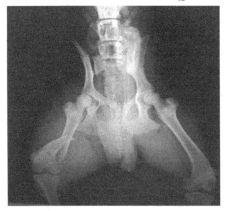

图1.2 DR正位片

图1.3 手术部位

◎ **病例解析**

犬的骨折主要是由外界各种机械暴力造成的,如碰撞、打滑、压迫、摔倒、突然停止、跳跃障碍物突然掉落或小腿踩入地面裂缝等。当犬患有软骨病时,也容易断裂骨折。一般腰椎或腿部骨折是由高处摔倒引起的。病理性骨折多由骨髓炎、骨瘤、软骨病、坏疽或周围骨组织感染引起骨组织发炎而导致。本病例主要是由外伤所致的骨折,临床检查患犬是否有其他内脏损伤,使用 DR 检查犬伤处情况,通过手术进行骨折治疗,术后应限制患犬活动,防止骨折固定失败。

病例3 一例宠物犬反复假孕的手术治疗

◎ **基本信息和病史**

迷你雪纳瑞犬,雌性,4岁,体重5.5 kg。未发情,但交配后陆续出现嗜睡、呕吐、食欲不振、乳腺突出、乳房胀大等现象,病程前后已经有近60天,1年前也出现过类似情况。

◎ **临床检查**

该犬体温38.2 ℃,心率120次/min,呼吸频率20次/min,腹部有较明显肿胀,深部触诊无痛感,挤压乳头有乳汁分泌。

◎ **实验室检查**

腹部DR检查结果并未看见明显的胎儿迹象(图1.4、图1.5)。

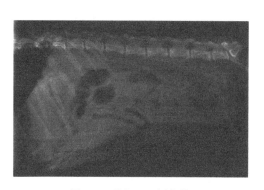 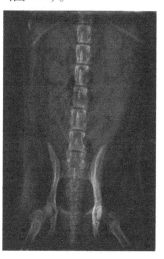

图1.4 腹部DR侧位片　　　　　图1.5 腹部DR正位片

◎ **诊断结果**

该犬为假孕。

◎ **治疗和预后**

对患犬进行绝育手术,把子宫、卵巢摘除,手术步骤同绝育手术步骤。

禁食禁水6 h以上,全身检查无明显异常,血常规指标基本正常。

术前准备:麻醉前肌内注射阿托品0.04 mg/kg,15 min后静脉推注舒泰0.06 mg/kg。麻醉后仰卧保定,腹部常规剃毛消毒。

手术过程:手术使用医用电脑型高频电刀,阴极紧贴犬大腿内侧无毛处。用常规手术刀在倒数第1、2乳头间沿腹中线切开皮肤,开启高频电刀设定为切割模式,6级频率。持阳极电刀切开皮下组织、腹直肌和腹膜,暴露腹腔。沿腹壁内侧伸入拉钩将卵巢和子宫角拉出,然后钳夹固定卵巢固有韧带,再用7号线结扎。将高频电刀调到"GOAG1"模式,5级频率,沿止血钳上方切除卵巢,无齿镊夹持止血钳下方组织无出血后还纳腹腔(若仍有出血,用高频电刀再次烧烙止血)。用同法切除并取出对侧卵巢和子宫颈。再检查无出血,可关闭腹腔,将腹直肌和腹膜一起连续缝合,皮内缝合皮肤,用2%碘酊消毒皮肤,手术完毕。

术后护理:术后要控制感染,当日静脉滴注0.9%氯化钠注射液80 mL,甲硝唑15 mg/天,5%葡萄糖注射液40 mL,维生素C 50 mg/次。肌内注射痛立止0.01 mg/kg,拜有利0.1 mL/kg,1次/天。

术后用药1周后饮食基本恢复正常,两周后检查血常规指标正常。2个月后复查,乳房肿胀消失,其间乳汁由乳白色转为黄色,最后无液体分泌。

◎ 病例解析

假孕的动物临床表现与正常妊娠非常相似。初期:性情温和,被毛光亮。发情间期的早期类似于妊娠早期:出现呕吐、腹泻、食欲增加等症状。发情间期的中期类似于妊娠中期:乳腺发育并有攻击性行为,嗜睡,体重增加,腹围增大,腹部脂肪蓄积。发情间期结束时有明显的围产期征兆:做窝、不安、厌食和攻击性增强;护理无生命的物品,乳腺可产生正常的乳汁或棕黄色水样液体,可能因乳腺充盈而继发乳腺炎。内分泌紊乱所致的假孕,在出现围产期征兆1～2周之后,其症状即可消失。若为子宫蓄脓症则会排出大量分泌物,要及时处理,以防转为慢性炎症进而出现其他更为恶性的疾病。有的假孕病例,往往不治自愈,有明显行为改变的犬才进行治疗,临床常用的药物有:口服甲睾酮(1～2 mg/kg)或肌内注射睾酮(1～2 mg/kg),前列腺素(1～2 mg/天)等连用3天,对于有子宫蓄脓症的病例和重复发生假孕的犬可施行卵巢摘除术或卵巢子宫摘除术。

病例 4　一例宠物犬扁桃体囊肿切除术的诊治

◎ 基本信息和病史

阿拉斯加雪橇犬,雌性,2 岁,体重 26 kg。该犬连续一月精神不振、咳嗽、呕吐且吞咽困难,逆流和有鼻漏且病程时间持续较长,伴有畏寒、发热等症状。

◎ 临床检查

该犬体温 39.5 ℃,脉搏 141 次/min,呼吸频率 32 次/min,精神沉郁,食欲废绝。咽喉部红肿,腭舌弓充血肥厚,扁桃体肥大,伴有咳嗽、呕吐症状,脱水严重,被毛粗糙。

◎ 实验室检查

血常规检查结果显示,中性粒细胞偏高,血小板总数降低,伴有贫血。

◎ 诊断结果

该犬患有扁桃体囊肿。

◎ 治疗和预后

术前准备:术前先进行补液,用于消炎。0.9% 氯化钠注射液 30 mL,头孢噻呋钠 25 mg;0.9% 氯化钠注射液 20 mL,甲硝唑注射液 100 mg,静脉滴注,1 次/天。复合维生素 B 注射液 0.6 mL,肌内注射,1 次/天。痛立定 0.4 mL,皮下注射,1 次/天。3 天后检查,各项体征符合手术要求,则可进行手术。

术前肌内注射阿托品 0.1 mg,皮下注射速诺 3.2 mL。30 min 后静脉注射丙泊酚 3 mL 诱导麻醉,异氟烷吸入麻醉进行手术切除。在术中补液 0.9% 氯化钠注射液 250 mL,酚磺乙胺 4 mL,防止机体失血过多。

术后护理:术后应禁食禁水 8 h。因短期内患犬不可进食,需进行补液防止脱水。同时为防止患犬发生继发感染应做好抗菌消炎,用 5% 葡萄糖注射液、头孢曲松、甲硝唑适量即可。同时给予 1.5% 过氧化氢溶液冲洗口腔,每天 3 次,连续 7 天,清除口腔内残渣和致病性微生物。观察患犬是否有吞咽动作,若有,应检查是否有出血,如果出血应及时止血。术后第 2 天,创面出现一层白膜,是正常反应。白膜于术后 5~7 天开始脱落,创面形成肉芽,表面上皮开始生长。如白膜呈污灰色,应注意有感染可能。

◎ 病例解析

目前多种手术方法应用于扁桃体切除术,如剥离法、低温等离子刀、超声刀、冷器械切除+缝合法等不同手术方法,但扁桃体切除术无论哪种方法,术后疼痛都是一个突出问题,疼痛会影响患犬的进食、饮水。因此临床上一直在探讨采用何种术式才能减轻患犬的疼痛并使创面尽早恢复。在常见的几种手术方法中,经过各方面的对比,冷器械切除与缝合术两者相结合的方法在国内应用广泛,操作简单。其优势在于手术时间短、创伤小、恢复快、对周围组织伤害较小等。

病例 5　一例牙结石的诊治

◎ **基本信息和病史**

比熊犬,雄性,7岁,食欲减退或不吃,流口水,口臭。

◎ **临床检查**

打开患犬口腔,可见牙齿侧壁上的黄褐色结石,牙齿上有牙斑,牙龈线上有牙垢,牙龈红肿、发炎,局部触诊可感温热。

◎ **诊断结果**

该犬被诊断为牙结石,且有齿龈炎迹象。

◎ **治疗和预后**

用超声波洗牙机洗牙是对有牙垢犬的最好保护和治疗方法。兽医在麻醉患犬的基础上,将患犬的牙齿上和牙龈下的牙垢和牙石除掉,并把牙齿的表面抛光(图1.6、图1.7)。

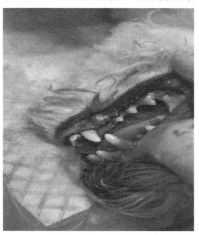 

图1.6　洁牙前　　　　　　　　　　　图1.7　洁牙后

◎ **病例解析**

患有牙结石的宠物牙齿,其含有的细菌和毒素会刺激牙周组织,引起牙龈发炎,表现出牙龈红肿和口臭。牙结石引起的炎症反应会由边缘牙龈炎发展至牙周,严重时可导致牙周脓肿和根尖周脓肿。感染细菌一旦入血,可引起重大器官如心脏、肝脏、肾脏的损害,最典型的是引起急性心肌炎导致突发性死亡。

坚持刷牙是预防方法之一。要选择合适的工具,牙刷要选择细软的刷毛,牙膏可以使用专门为犬研制的具有黏性的牙膏,效果立竿见影,只要在牙刷上蘸一点,深入犬口腔,抹在牙结石部位即可。刷牙对犬的伤害也最少,但需要每天坚持,一般 3 个月左右会有效果,牙齿变白,牙结石减少,但效果不会太明显。此外,应控制饮食习惯,干粮、湿粮组合喂养,尽量吃干粮,少吃湿粮、半湿粮,这样可以减少食物残渣在口腔内堆积。提供宠物磨牙骨/咬胶/洁牙零食,可以帮助降低牙结石。不直接喂养生骨,以免在口腔里断裂引起口腔伤害。日常注意观察宠物口腔,发现问题及时咨询兽医。

病例6 一例犬子宫蓄脓的诊疗

◎ 基本信息和病史

狼犬,雌性,14岁,未绝育,未驱虫,已免疫。该犬已发病10天左右,病初精神状态不佳,近段时间食欲不佳,喜卧,饮水及尿量次数增多,伴有呕吐,外阴有分泌物流出,腹部逐渐增大。发病前未与其他犬进行交配,主人误以为是长胖了,所以没有过多关注。最近几天情况加剧,遂到医院检查就诊。

◎ 临床检查

该犬体重20.4 kg,体温39.3 ℃,心率128次/min,呼吸频率20次/min,无力,目光呆滞,喜欢趴卧,无精神,饮水增加,偶尔呕吐,多尿。腹围增大,触诊时有波动感,有疼痛表现,外阴有分泌物流出,无气味。

◎ 实验室检查

血常规检查结果显示,白细胞、淋巴细胞数量偏高,红细胞结果远低于正常水平,血红蛋白、红细胞比容结果较低。患犬C反应蛋白值为43 mg/L,说明临床上中度炎症。生化检查结果显示,球蛋白、白蛋白/球蛋白、丙氨酸转化酶、碱性磷酸酶、谷氨酰转移酶、胆固醇结果均高于正常值。血气检查结果正常。

X线检查患犬仰卧位(图1.8)、侧卧位(图1.9)各1张,在腹腔中后部可见轮廓清晰的右侧子宫角明显增大、密度中等、肠管状或念珠样影像。严重的闭合型子宫蓄脓,可见子宫膨胀如囊状,子宫膨大时影像边缘轮廓不明显,呈均匀软组织密度增浓阴影。

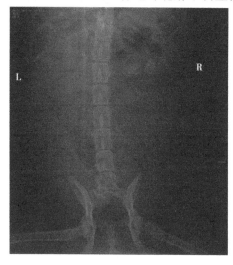

图1.8 X线正位片

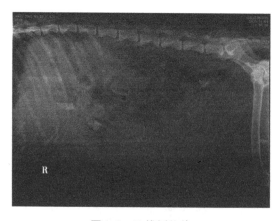

图1.9 X线侧位片

B超检查时,采用仰卧保定,对腹部进行剃毛,使皮肤暴露出来,对局部涂抹耦合剂,右手持扇形探头于腹部耻骨前缘进行横向和纵向扫查,确定膀胱横径、纵径,以充满无回声尿液的膀胱作为透声窗,能清晰显示其背侧的子宫影像。膀胱定位后将探头沿腹侧缓慢上移以观察两侧子宫角情况,可进行横向、纵向及斜向扫查。发现子宫切面图像中,内含椭圆形无回声的液体暗区(图1.10)。

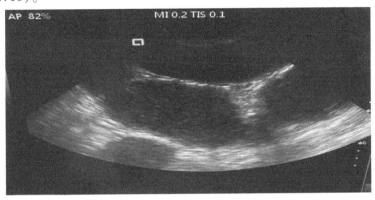

图1.10　B超子宫切面图像

◎ **诊断结果**

该犬为犬子宫蓄脓。

◎ **治疗和预后**

根据患犬的红细胞数目比正常值偏低,应立即进行输血治疗。再次查血,若红细胞数目恢复正常,方可进行卵巢子宫摘除术。卵巢子宫摘除术是本病的根治方法,以消除子宫内感染的微生物,除去致病因素的来源为治疗原则。

术后两天患犬可以少量进食肠道处方罐头,配合食用营养膏,术后8天拆线,基本恢复。半月后复诊,该犬一切正常。

◎ **病例解析**

犬子宫蓄脓症指犬子宫腔内有大量的脓液积聚,并伴有子宫内膜异常增生和细菌感染,根据子宫颈的开放与否可分为闭合型和开放型。该病的病因复杂,常与内分泌紊乱、生殖道感染及长期使用类固醇药物等因素有关。本病多发于发情中后期,部分发生于休情期,以中老年未交配过的犬为主,青年犬也有发生。研究显示,该病起因为子宫内膜受到高浓度的孕酮慢性反复刺激后发生子宫内膜囊腺型增生,导致自身防御力下降,易被细菌侵袭。目前,卵巢子宫全摘除术是治疗子宫蓄脓的首选方法,子宫病变引起的败血症、菌血症和毒血症及其并发症通常会表现出严重的全身症状,手术切除子宫及卵巢后这些症状可随之消除。对于有育种价值或因病情过重无法进行手术的病例一般采取保守疗法。如果采用保守疗法,应结合药敏试验,选取正确的药物并对子宫内进行灌洗。

病例7　一例金毛犬脾脏血管肉瘤病例

◎ **基本信息和病史**

金毛犬,雌性,10岁,体重30 kg,定时免疫,就诊一年前已绝育。患犬约一月前被发现腹部变大,但精神食欲尚可,未引起主人足够重视。后在其他医院就诊查血常规、生化、腹部DR,腹腔穿刺出血水,怀疑为腹腔肿瘤,未做明确诊断,3日后转院就诊。

◎ **临床检查**

该犬体温38.7 ℃,精神状态正常,饮食欲正常,黏膜颜色正常,触诊腹围明显增大且有一较大肿物。

◎ **实验室检查**

血常规检查结果正常,C反应蛋白值为35.5 μg/mL,远高于正常值。生化检查结果显示,谷氨酰转移酶显著增高。腹部DR结果显示其腹腔脾脏附近有一肿物,将大部分肠段挤到后腹部,双侧肾脏可见,正位片可见部分脾脏;除肿物外,腹腔其余内容物对比度基本正常(图1.11、图1.12)。

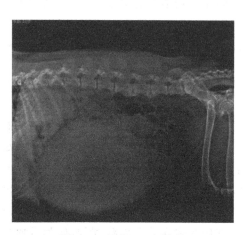
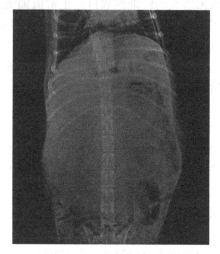

图1.11　腹部DR侧位片　　　　　　　　图1.12　腹部DR正位片

腹内穿刺液为红色,类似血液,较稀薄,李凡他实验呈阴性,染色镜检可见大量红细胞,且平均两个视野可见到一个有核红细胞,少量炎性细胞(图1.13)。

◎ **诊断结果**

据临床动物发病时间、检查结果、动物年龄、品种、发病时间以及术后瘤体形态大小等,诊断为脾脏血管肉瘤。

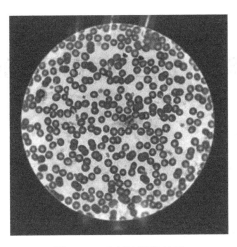

图 1.13　穿刺液镜检结果

◎ 治疗和预后

术前准备:对犬进行基础诱导麻醉,气管插管进行吸入麻醉,同时配合心电监护,以及之后的保定和备皮等基础工作。脾脏血管肉瘤一般手术均摘除整个脾脏和肿瘤,该犬虽瘤体位于脾头位置,瘤体的囊腔未破裂,但是其余脾体被膜上有花斑样结构,故进行脾脏和瘤体全切术,脾脏和瘤体共重 3.5 kg(图 1.14);不可部分切除,防止遗留部分肿瘤组织的转移。

术后支持疗法静脉输液,扩充血容量,配合皮质类固醇药物。

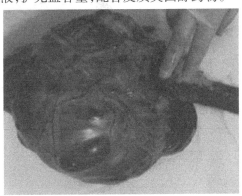

图 1.14　切除的脾脏肿瘤

◎ 病例解析

血管肉瘤是起源于血管内皮细胞的恶性肿瘤。主要发生在老龄犬(8~10 岁)和雄性犬,德国牧羊犬和金毛猎犬易患。脾脏、右心房和皮下组织是就诊时最常见的肿瘤发生部位。一项调查显示,220 例血管肉瘤病例中近 50% 起源于脾脏、25% 位于右心房、13% 位于皮下组织、5% 位于肝脏、5% 同时存在于肝脏、脾脏、右心房,另外 1%~2% 同时存在于其他器官(肾脏、膀胱、骨骼、舌和前列腺)。脾脏切除术手术治疗是犬猫脾脏肿瘤的最主要方法,在手术治疗前应评估动物的贫血和严重的全身症状,进而纠正动物体内的水化状态。

病例 8　一例马拉色菌耳炎的诊治

◎ **基本信息和病史**

金毛犬,1 岁,未绝育,未免疫,未驱虫。

◎ **临床检查**

该犬体臭严重,臭味来源于耳道,耳道内潮湿,有较多褐色分泌物,耳廓明显增厚(图1.15)。

◎ **实验室检查**

耳道分泌物显微镜检查可见大量厚皮马拉色菌(图1.16)。

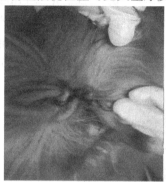
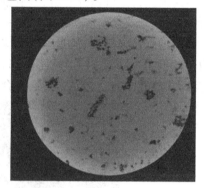

图 1.15　耳道内褐色分泌物　　　　图 1.16　显微镜检查结果

◎ **诊断结果**

马拉色菌耳炎。

◎ **治疗和预后**

耳漂每日 1 次,旋转白色滴嘴,把足量耳漂液滴进患犬耳道,轻轻按摩耳朵几分钟,让患犬甩出耳内的污垢。耳肤灵每日 1 次挤入耳道,再轻轻按摩耳朵根部。使用超可信驱虫。使用脂溢停药浴,每周 2 次。患犬恢复良好。

◎ **病例解析**

犬马拉色菌性皮炎通常是由于马拉色菌过度增殖引起的,该病由其他潜在疾病引起或与其他皮肤病共存。马拉色菌是具有厚壁的单细胞酵母菌,呈椭圆形、圆形或圆筒形。通常情况下健康犬的肛门、耳道、指间经常能分离到马拉色菌,而当宿主的皮肤防御屏障遭到破坏,有适合其生长的环境就会引起马拉色菌的过度繁殖,引发皮肤瘙痒和炎症。该病的治疗可采用清洁皮肤、抗真菌药物治疗,同时进行药浴治疗效果更好。除此之外,还需保持患犬居住环境干燥卫生。

病例9 一例犬膀胱结石的诊治

◎ **基本信息和病史**

中华田园犬,雄性,9月龄,患犬在一周前发生尿频、尿中带血,排尿困难,不喜欢吃食,腹部疼痛。

◎ **临床检查**

该犬体温39.0 ℃,眼结膜颜色苍白,手摸腹部膀胱部位时,患犬有疼痛感,触诊膀胱时,感觉膀胱硬实、膨胀,挤压不动,手搓听到"咯咯"声,并有少许血尿流出,并感觉膀胱内有一些硬物。

◎ **实验室检查**

X线检查发现膀胱内有鹌鹑蛋大的白色物体(图1.17)。

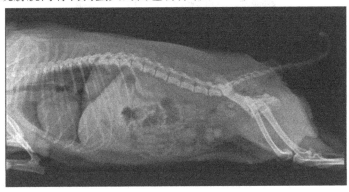

图1.17 X线检查结果

◎ **诊断结果**

膀胱结石。

◎ **治疗和预后**

术前准备:术前准备手术器械两套(污染与无菌手术分开用)、耗材和麻醉机检查准备。耻骨下延伸到胸部及阴茎周围剃毛消毒。麻醉前皮下注射阿托品0.01 mg/kg,肌内注射巴曲酶1支,皮下注射布托啡诺0.5 mg/kg,静脉注射阿莫西林克拉维酸250 mg。丙泊酚3 mg/kg诱导进行气管插管呼吸,尿道插入导尿管,排空膀胱尿液,检查尿道有无阻塞。连接监护仪,术中维持静脉补液。

手术过程:在阴茎旁边2 cm做一与腹中线平等的切口,长度约5~10 cm。切开皮肤,钝性分离皮下组织、切开腹膜,暴露膀胱后从切口处轻轻拉出,在膀胱背侧血管稀少处切开膀胱,排净多余尿液,取出膀胱内结石(图1.18)。逆行冲洗,将膀胱内结石全部冲洗干净,确定结石干净后放入双腔导尿管。缝合膀胱黏膜,避免缝线或血凝块进入膀胱内;膀胱肌层和浆膜层一起缝合,后检查切口,看是否漏尿和缝合是否确实;用温生理盐水冲洗切口,将膀胱还纳回腹腔,连续缝合腹膜和腹壁肌层。常规关闭腹腔,简单结节缝合皮肤。后把双腔导尿管连接尿袋固定于身上。

术后护理:术后主要进行补液、抗炎、止痛以及伤口的护理工作。观察尿袋尿液性质、尿量,并做好记录,定时排空尿袋中的积尿。10天后拆线,预后良好。

图1.18 膀胱切开

◎ 病例解析

犬膀胱结石是临床较为常见的一种泌尿道疾病,主要表现为排尿困难、血尿、腹痛、尿频、尿急、尿闭等,甚至会诱发肾衰或引起死亡。单纯的膀胱结石,母犬的发病率高于公犬,这是由于母犬的尿道较短,易引起膀胱和尿道感染,从而导致结石的发生。本病的诊断主要包括临床基础检查、血常规、生化检查、X线检查、B超检查等,其中影像学检查是确诊本病的重要指征之一。B超检查不仅可用于膀胱结石的诊断,还可以检查膀胱壁的情况;X线检查可诊断膀胱结石的数量和大小。因此,在诊断膀胱结石时,经常将B超和X线检查相结合来做出准确诊断。当患犬的结石数量较少、体积较小、症状不明显时,可以采取保守治疗。若结石数量较多、体积较大时,手术治疗更加有效,取石快捷、干净、彻底,但应注意手术时应将结石清理干净,同时术后要注意抗菌消炎,防止继发感染。

病例10 一例犬冠状病毒的诊治

◎ 基本信息和病史

流浪中华田园犬,雌性,3月龄,体重2.8 kg,未免疫,未驱虫。

◎ 临床检查

该犬体温38.6 ℃,精神沉郁,食欲不振,呕吐,轻微腹泻,伴有咳嗽,脓性鼻液糊住鼻腔,呼吸不畅,皮肤弹性差,黏膜苍白。

◎ 实验室检查

犬冠状病毒抗原检测阳性。

◎ 诊断结果

犬冠状病毒确诊。

◎ 治疗和预后

静脉滴注消炎药物氨苄西林钠20 mg/kg、止吐药奥美拉唑1 mg/kg、能量合剂0.5 mL、肌苷0.5 mL和维生素C 0.5 mL、慢速度补钾离子、一半盐水一半糖水静脉维持液。皮下注射抗病毒药物犬干扰素300万 IU和地塞米松2 mg/kg;皮下注射氨溴索2 mg/kg和氨茶碱5 mg/kg治疗支气管炎症。治疗后精神和食欲恢复正常。

◎ 病例解析

犬冠状病毒是犬的一种急性传染病,对幼犬危害严重,常导致高的死亡率和发病率。该病的临床症状主要为呕吐、腹泻,严重者精神不振,食欲减退或废绝,大多数患犬体温无变化,呕吐物初见胃内未消化的食物,后期可见黄色泡沫样和黏液混合物,并排出糊状或水样粪便,呈褐色或黄绿色,有恶臭味,混有黏液或少量血液,患犬腹痛剧烈,最终脱水而死。

本病的治疗主要采用支持疗法、对症治疗、抗病毒治疗三种方法,维持良好的液体和电解质平衡,以及应用一些抗病毒药物,如干扰素和球蛋白,同时止血、止吐(呕吐轻微者不必止吐)、止泻、抗菌消炎、保护心脏功能、纠正电解质和酸碱失衡,并使用抗生素防止继发感染。

病例 11 一例犬贾第虫病的诊治

◎ **基本信息和病史**

西伯利亚雪橇犬两只（一公一母），5月龄，母犬体重18 kg，公犬体重20 kg，至求诊时购回已饲养3周。2周前两犬陆续排糊状稠便，每天2~3次，食欲略有下降，精神状态良好。在其他医院注射过消炎针，口服过庆大霉素、思密达、整肠生等，用药时症状缓解，停药即反复。曾化验过大便未见异常。

◎ **临床检查**

两犬鼻镜湿润，眼睛清亮，精神状态良好，体温、呼吸、脉搏正常，消瘦，肋弓明显，腹部收缩。触诊腹部未见疼痛反应，听诊肠鸣音正常。

◎ **实验室检查**

犬细小病毒阴性，显微镜检查发现两犬粪便中均含有数个会动的微生物。高倍镜下观察到贾第虫滋养体（图1.19、图1.20）。

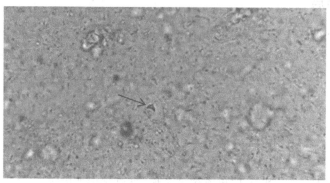

图1.19　贾第虫滋养体

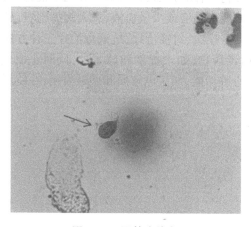

图1.20　贾第虫染色

◎ **诊断结果**

贾第鞭毛虫感染。

◎ **治疗和预后**

口服甲硝唑片剂,剂量为 50 mg/kg,2 次/天,连用 5 天,并建议 1 周后复查。1 周后痊愈。

◎ **病例解析**

犬贾第虫临床上有滋养体和包囊两种存在形式。滋养体左右对称,有 2 个核、4 对鞭毛,在显微镜下呈"笑面"脸谱样。包囊呈椭圆形,长 8 ~ 12 μm,宽 7 ~ 10 μm,囊壁和虫体之间有明显空隙,有 2 ~ 4 个核。滋养体是贾第虫在动物体内的主要存在形式,包囊是其传播和在外界环境中的存在形式。滋养体主要寄生于十二指肠和空肠,吸附于肠黏膜上引起肠黏膜损伤而发病。滋养体随食物进入大肠后形成包囊,包囊随粪便排出体外污染环境,在腹泻犬的粪便中也可检测到未形成包囊的滋养体,并具有运动性。贾第虫在世界范围内均有感染,幼龄犬、免疫缺陷的成年犬和群饲动物感染率更高。犬贾第虫病的发病率高,但症状一般不明显,往往被忽视。因此,在犬的饲养过程中,要注意加强饲养管理,及时清除剩余饲料,并给予清洁卫生的饮水,搞好犬舍卫生,将犬粪及污染物集中于指定地点消毒冲洗干净。

病例 12 一例犬锁肛并发直肠阴道瘘病例的诊疗

◎ 基本信息和病史

中华田园犬,雌性,40 日龄,体重 0.8 kg,精神食欲尚可,在离乳期更换食物期间,出现排便困难,呻吟,腹围增大的现象。

◎ 临床检查

该犬心跳呼吸无明显异常,但在测量体温时发现该犬无肛门裂孔,按压腹部有轻微饱腹感,并能触诊到肠内积压的粪便,适度用力后阴道部可挤出稀黄色粪便,排便困难。

◎ 实验室检查

血常规检查、生化检查结果正常。

◎ 诊断结果

锁肛并发直肠阴道瘘。

◎ 治疗和预后

术前准备:术前禁食 6 h,禁水 2 h,术前埋置留置针建立静脉通路,给予止血药(酚磺乙胺 12.5 mg/kg,皮下注射),止痛药(痛立定 0.1 mL/kg,皮下注射)等,15 min 后静脉缓慢推注丙泊酚 6 mg/kg,仰卧保定,调整手术台并垫高后驱使前低后高。在肛门周围部位用 0.25% 的普鲁卡因进行局部菱形浸润麻醉,术部剃毛、消毒、覆盖创巾,开始手术。

手术过程:在局部麻醉浸润区域,用 6.0 mm 环钻取下肛门皮肤,钝性分离皮下组织和肌肉,发现直肠盲端后,小心拉出至切口,用事先准备的温生理盐水冲洗,以清除血液及直肠阴道瘘周围的粪便,用 4-0 可吸收缝线封闭瘘管,将直肠盲端切开,排净内部粪便并再次冲洗,随后在 12 点、3 点、6 点、9 点方向分别将直肠切口与皮肤切口进行缝合固定,然后以 0.4 cm 的间距进行结节缝合,伤口消毒,肛门再造手术完毕。

术后护理:术后 3 天输液治疗,以抗菌消炎,补充能量,调节电解质平衡为原则,其间少量给予干净饮水和流质食物,用 0.01% 苯扎溴铵清洁伤口附近的血凝块和粪便,并用抗生素软膏涂抹伤口周围,5 天后用去腐生肌药膏配合涂抹。患犬第 3 天即有成形粪便排出,术后预后良好。

◎ 病例解析

新生幼犬的肛门闭锁是一种具有遗传性的先天性畸形。妊娠期胎儿原始肛发育不全或异常,以致肛门处被皮肤覆盖形成锁肛。出现锁肛多被认为是隐性遗传,如近亲繁殖。另外在妊娠期母体缺乏维生素 A 和其他必需物质也能造成该病的发生。当患病动物未出现食欲减退或废绝之前,应及早手术以避免死亡,对于锁肛及其并发症,唯一的治疗方法是手术。该手术时间相对较短,用丙泊酚滴注配合局部麻醉即能完成整个手术过程。术中分离肛门外括约肌、肛提肌、尾骨肌等组织时,并不像某些文献写的那样易于剥离,毕竟患病动物体型较小。在夹持直肠的时候应格外小心,以免引起破裂。术后饮食以易消化食物为主,禁忌暴饮暴食。幼龄动物组织细胞有较强的再生力,术后严格抗菌消炎和定期清理消毒都有助于该病的恢复。由于治疗时间正好是动物免疫接种期,故在治疗期间应适当考虑使用免疫增强剂,加强环境消毒工作,以防止传染病的发生。

病例 13 一例犬心丝虫病的诊治

◎ 基本信息和病史

边境牧羊犬,雄性,4 岁 6 个月,未去势,常规免疫,定期驱体内寄生虫,以狗粮为主,经常外出草地玩耍。近期食欲减退直至无食欲,消瘦明显,精神欠佳、易疲倦,运动不耐受,偶有咳嗽。

◎ 临床检查

该犬体温 38.7 ℃,脉搏 110 次/min,呼吸频率 32 次/min,体重 12.3 kg,消瘦、大口喘气,可视黏膜苍白,脱水评估约 7%,诱咳阳性,心律不齐,鼻镜湿润,呕吐液为黄色胃液,偶带鲜血,频繁弓背,大便为褐色,腹部触诊有明显疼痛感。

◎ 实验室检查

心丝虫抗原阳性,血涂片可见微丝蚴。尿素、肌酐及磷升高,提示存在肾功能异常。白细胞升高,机体存在炎症;红细胞数量及血红蛋白浓度均降低,动物机体存在贫血;红细胞比容降低系红细胞数量减少所致;血小板数量降低,考虑大量消耗所致;其他指标未见明显异常。

◎ 诊断结果

犬心丝虫病。

◎ 治疗和预后

肌内注射美拉索明 2.5 mg/kg,每天 1 次,连续使用 2 天,共计 2 次,驱杀成虫;4 周后,再口服伊维菌素 0.05 mg/kg,在 10 天内重复给药 1 次,杀灭微丝蚴;为避免虫体降解过程中引起血管栓塞,喂服阿司匹林 0.5 g 2～3 周,预防血液栓塞;肌内注射氨苄西林 20 mg/kg,预防继发感染;同时通过输液缓解机体脱水,补充能量。

2 个月后复检,血涂片未发现微丝蚴,心丝虫抗原检测未见异常,基本判定为治愈。

◎ 病例解析

犬心丝虫病又名犬恶丝虫,属于人犬共患病。犬心丝虫病是经蚊虫叮咬传播的血液寄生虫病,所有年龄的犬都可感染。心丝虫成虫寄生于犬心脏与肺动脉处,成虫会产下幼虫,在血液中循环,蚊子叮咬感染患犬后携带幼虫,幼虫在蚊子唾液腺蜕变成为具感染力的幼丝虫,再经由蚊子叮咬其他犬和人类而感染。临床上该病主要表现为循环障碍、呼吸困难和贫血等症状。初期症状较轻,偶见慢性咳嗽,运动时咳嗽加剧,易疲劳,渐瘦。如没有及时发现和治疗,患犬心悸亢进,脉细弱并有间歇,心内杂音,肝大,胸、腹腔积水,全身浮肿,呼吸困难。本病的防治主要从隔离患犬、强心、利尿、驱虫等几个方面进行。除采用上述方法外,驱虫手段应先驱成虫,再驱幼虫,最后用药预防,消灭中间宿主,以防再度感染。

病例 14 一例犬胰腺炎的诊疗

◎ 基本信息和病史

拉布拉多犬,雌性,7 月龄,体重约 30 kg。患犬近来食欲减退,无胃口,呕吐,便血,弓背,气短。主人平常饲喂的口粮营养丰富,属于高蛋白的日常处方粮。就诊前不久进行了绝育手术,还未曾进行免疫。

◎ 临床检查

该犬精神不振,触诊腹部时较为敏感,弯腰弓背呈跪拜姿势、喘粗气、时不时回头顾腹。可视黏膜出现轻微的红肿,心率 130 次/min,心脏无杂音。

◎ 实验室检查

血常规检查结果显示,白细胞总数增加,表明犬体内存在较强的炎症反应,有贫血的现象。生化检查结果显示,球蛋白含量降低,可能有慢性炎症及感染。其中,γ-谷氨酰基转移酶、碱性磷酸酶、总胆汁酸、肌酸激酶、淀粉酶等指标均高于正常值范围,提示患犬肝胆及胰腺功能不正常,有肝胆疾病或胰腺炎的可能。

◎ 诊断结果

犬胰腺炎。

◎ 治疗和预后

使用 0.9% 氯化钠注射液、5% 葡萄糖注射液、乳酸林格氏液静脉滴注,连续输液 5~7 天,直到脱水和呕吐停止恢复正常;可在输液过程中加入维生素 C、肌酐、ATP 等,以提高患犬的综合抵抗能力。针对实验室结果中白细胞总数增多出现炎症的情况,需要进行抗菌消炎治疗,如头孢菌素类、氨苄西林、喹诺酮类等。使用药物的剂量视病情而定,病情程度不同,剂量也会有所差别。硫酸阿托品注射液可抑制腺体分泌;常用的止吐药物有甲氧氯普胺、爱茂尔、氯丙嗪等,同时使用适量的奥美拉唑钠进行肠道调理;疾病造成的腹痛,可用芬太尼来缓解。经过 3 天治疗,发现患犬精神状态相比开始时有所好转,呕吐腹泻停止,腹痛减轻。第 4 天喂食了少量的流食后也未出现呕吐。经过 11 天的治疗后吃喝正常,病症均已消失。

◎ 病例解析

犬胰腺炎是宠物临床上比较常见的疾病,患犬的临床表现为腹痛、呕吐、腹泻、呈祈祷姿势、精神沉郁等。祈祷姿势是临床症状中呈特异性的,但也不能仅靠这个症状来作为确诊胰腺炎的依据。该病一般是由于暴饮暴食、胆道阻塞或一些其他因素所致。一旦确诊,需尽早治疗,提高治愈率。治疗本病的方法主要是补液治疗搭配对症治疗。注意饮食调理,除了前期需要停止进食,后期可以根据病情喂食一些清淡营养易消化或低蛋白食物,坚持下去都能取得较好的治疗效果。

胰腺炎的防治主要是合理饮食。随着人们生活水平的提高,宠物的生活品质也得到了很大的改善,犬吃肉类、油腻、高脂肪的食物较多,造成胆结石的病也越来越多。有 30% 的急性胰腺炎是由于胆道疾病引起的,比如胆道结石、胆囊炎等。因此,日常饮食要注意营养均衡,不能喂太多高含盐量和高脂肪的食物,尽量少食多餐,控制犬不要暴饮暴食;过于肥胖的犬要适度减轻体重。如果犬患有胆囊、胆道疾病,要及时采取抗菌、消炎、利胆的措施,以预防继发性的胰腺炎;同时主人要及时给犬进行免疫,以防止犬瘟热病毒病、犬细小病毒病等传染性疾病的发生,造成十二指肠内容物逆流,引起犬胰腺炎。

病例 15　一例犬支气管炎的诊治

◎ 基本信息和病史

金毛犬,2 岁,体重 32 kg,已免疫,主诉患犬就诊前两日吹空调后,开始出现咳嗽、呕吐、食欲下降的症状。

◎ 临床检查

该犬精神较差,干咳,两鼻孔流浆液性鼻液,体温 39.7 ℃,听诊,肺泡呼吸音增强,干啰音明显。

◎ 实验室检查

血常规检查结果显示白细胞升高。经 X 线检查,支气管纹理增粗(图 1.21)。

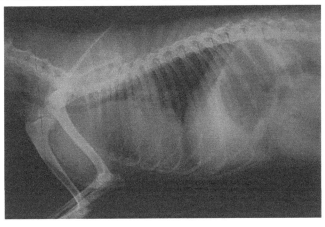

图 1.21　X 线检查结果

◎ 诊断结果

急性支气管炎。

◎ 治疗和预后

治疗原则:加强护理,抗菌消炎,止咳,制止渗出,纠正酸中毒。

治疗处方:0.9% 氯化钠注射液 10 mL,阿米卡星 4 mL,雾化,2 次/天。氨茶碱 4 mL,氨基比林 2 mL,肌内注射,2 次/天。乳酸林格氏液 60 mL,维生素 C 0.5 g,10% 葡萄糖酸钙注射液 20 mL,静脉滴注,1 次/天。5% 葡萄糖注射液 60 mL,头孢哌酮钠舒巴坦钠 1 g,地塞米松 5 mg,静脉滴注,1 次/天。左氧氟沙星氯化钠注射液 100 mL,静脉滴注,1 次/天。预后良好。

◎ **病例解析**

犬急性支气管炎是由于各种综合性原因引起犬支气管黏膜表层或深层的炎症,临床诊断以咳嗽、流鼻液和不定热型为特征。各龄犬均可发生,但幼龄和老龄犬比较常见。寒冷季节或气候突变时容易发病。

环境变化较快容易使犬只产生较大应激反应,造成犬免疫力下降。主人应加强犬只饲养管理,保持环境卫生治理,勿令其淋雨、受寒、吹冷风等,同时改善日粮营养结构,增强犬的体质,提高抗病力;犬舍消毒及定期驱虫仍是必需的疫病防控手段,可以减少本病发病率及死亡率;居住环境应长期保持流畅、清新,勿令刺激性气体充斥其间,最大限度降低外界的致病因素引起的感染。

病例 16 一例母犬子宫蓄脓(开放型)的诊断与治疗

◎ **基本信息和病史**

拉布拉多犬,雌性,7 岁,约就诊前 1 个月发情,未交配,未生育。

◎ **临床检查**

该犬体温 39.2 ℃,呼吸频率 28 次/min,脉搏 79 次/min。患犬呼吸脉搏正常,有发热迹象。食欲减退,近日大量饮水,多尿,未见呕吐。精神不佳,阴道口有少量分泌物,喜卧。触诊按压腹部阴门有乳白色脓性分泌物流出,无疼痛感,腹围肿大,无明显波动感。

◎ **实验室检查**

血常规检查结果显示,白细胞、中性粒细胞指标高于正常值范围。生化检查结果显示,尿素氮、肌酐有升高迹象。血液检查结果显示,该犬肾功能降低,出现急性细菌感染并且有明显的炎症反应。B 超检查结果显示,犬子宫内有大片无回声暗区域,表示有大量液体聚集。

◎ **诊断结果**

子宫蓄脓(开放型)。

◎ **治疗和预后**

术前准备:对患病动物进行麻醉前可以先注射少量阿托品 0.05 mg/kg,保护心脏。为防止麻醉过程中动物出现应激反应出现呕吐发生窒息或手术过程中出现肠梗阻,手术动物应在术前 24 h 禁食禁水,肌内注射舒泰 0.1 mL/kg 进行全身麻醉。待动物进入深度麻醉后仰卧绑定于手术台上,对手术部位进行剃毛处理,剃毛后使用酒精棉球及碘酊棉球对手术部位反复消毒 3 次。

手术过程:使用创巾钳将洞巾固定好,暴露手术部位,在肚脐下方沿腹白线进行皮下开口,为防止破坏内脏器官,找到两侧子宫角将子宫及卵巢一起拉出腹腔,使用消毒创巾、无菌纱布将子宫与腹腔隔离。在卵巢下方破坏卵巢系膜无大血管区域,采用三钳法(图 1.22)固定子宫角上的输卵管、卵巢悬韧带、血管,使用可吸收手术缝合线进行贯穿结扎后用手术剪剪断子宫角及卵巢,观察断端无出血后对断端进行消毒还回腹腔,若断端出现渗血需进行再次结扎,结扎后摘除子宫及卵巢。

摘除时应注意防止子宫破裂或其他原因导致子宫内容物进入腹腔引发腹膜炎,如腹腔发生污染应立即使用生理盐水反复冲洗。结扎完成后将断端全部还回腹腔并缝合伤口,使用连续缝合法缝合腹膜及肌肉层,皮肤层可采用结节缝合法进行缝合,因恢复期较长,缝合皮肤层时最好使用不可吸收缝线进行缝合。

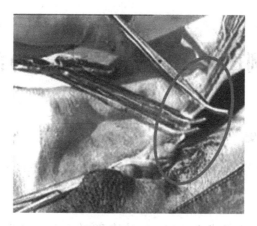

图1.22 三钳法

术后护理:禁止患病动物进行剧烈运动,以防手术伤口裂开。伤口涂抹碘酊溶液消毒、给术后动物穿防护衣、佩戴伊丽莎白圈,防止其舔舐伤口引起伤口化脓感染。术后出现轻微呕吐是正常现象,这可能是由麻醉引起的,8 h内禁止喂食和饲喂大量的水,8 h后开始少量饲喂低脂肪食物。用药方法:静脉滴注10%葡萄糖注射液200 mL,头孢曲松钠3 g;静脉滴注替硝唑60 mL;静脉滴注0.9%氯化钠注射液200 mL,ATP 2 mL,维生素C 1 mL,肌酐2 mL,辅酶0.5 g;静脉滴注0.9%氯化钠注射液200 mL,5%氢氧化钠注射液20 mL;静脉滴注10%葡萄糖注射液200 mL,盐酸山莨菪碱1 mL,维生素B_6 1.5 mL;静脉滴注复方氯化钠注射液200 mL。

防继发感染:术后两天内严格监护患犬的呼吸脉搏及恢复情况,防止继发感染。继发感染容易引起患犬肾功能衰竭。术后出现严重呕吐、触诊腹部疼痛需要进行血常规、生化检查,观察肝肾功能是否正常。若术后出现肾衰竭应大量输水,促进排尿。用药方法:静脉滴注0.9%氯化钠注射液300 mL,10%氯化钾注射液2 mL;静脉滴注0.9%氯化钠注射液300 mL,维生素C注射液2 mL;静脉滴注0.9%氯化钠注射液200 mL,奥美拉唑2.5 g;静脉滴注复方氯化钠注射液200 mL。

注:上述处方仅用于该患犬,不同患犬可对处方及药量进行更改。

◎ **病例解析**

子宫蓄脓为母犬的高发疾病,对母犬危害巨大,严重者会引起不可逆肾衰竭、肝功能受损,严重者危及性命,希望饲养者能对母犬绝育引起重视。发情期前后严格关注母犬的健康状况,若出现多饮多尿、腹部膨胀、食欲下降等状况,应优先考虑是否患子宫蓄脓并立即就医,避免延误最佳治疗时机而发展为更严重的疾病。对于主人没有繁殖要求的母犬最好在犬身体健康时进行绝育。犬一般在8个月左右达到性成熟,性成熟之后就可进行绝育手术。

病例 17 一例泰迪犬蟑螂药中毒的诊治

◎ **基本信息和病史**

泰迪犬,雄性,3 岁,体重 7.3 kg,体温 39.5 ℃,已去势。该犬于就诊前两天突然精神沉郁,食欲下降,呕吐,呕吐物呈白色黏液状,尿血,曾在其他医院就诊,对该犬用过强心、利尿和止血的药物。该犬未曾换过狗粮,家里也未曾投放鼠药或蟑螂药;外出吃饭时犬突然不见,找到时其在餐馆厨房拌有蟑螂药的骨头旁边。

◎ **临床检查**

该犬精神沉郁,饮食欲废绝,呕吐,流涎,尿血,四肢乏力,呼吸急促,心率加快,全身肌肉震颤。

◎ **实验室检查**

血常规结果显示,红细胞总数和血红蛋白浓度明显下降,白细胞数升高,血小板增加,其他项目均未见异常。血液生化指标检查结果显示,总蛋白、球蛋白和白蛋白明显升高,其他项目均未见异常。

◎ **诊断结果**

蟑螂药中毒。

◎ **治疗和预后**

经查询了解到该蟑螂药主要成分为乙酰甲胺磷。其治疗原则为强心利尿、排除毒物、保肝护肾。该犬因误食少量蟑螂药导致肝肾受损,故采取静脉输液补充能量和保肝护肾,从而稀释血液中的浓度,以利于患犬的恢复。其中,保肝护肾药品选用高糖 250 mL、肝泰乐 6 mL、解毒敏 2 mL、科特壮 1 mL 和奥普乐 1.5 mL,其中高糖、肝泰乐、解毒敏均有保肝效果,同时高糖可给机体提供能量,科特壮和奥普乐可调节机体肝肾代谢,恢复肝肾功能,促进毒物的代谢。同时选用阿托品 0.1 mg/kg 可有效拮抗乙酰甲胺磷引起的 M 样受体中毒症状;止血药选用维生素 K_3 0.5 mg/kg 和酚磺乙胺 1 mL,止血效果明显;利尿药选用呋塞米 1 mg/kg,加速毒物排出。此外,治疗期间还应重点监测患犬的食欲、饮欲、小便和体温情况。

◎ **病例解析**

乙酰甲胺磷属有机磷酸酯类药物,该类化学药能抑制体内胆碱酯酶,使乙酰胆碱酯酶失活,导致乙酰胆碱蓄积,兴奋犬体内 M 受体和 N 受体,造成神经生理功能紊乱。

病例 18　一例犬肠道异物的诊治

◎ **基本信息和病史**

拉布拉多犬,雌性,5 岁,体重 32 kg,已免疫,曾患过子宫蓄脓,患犬玩耍时呕吐出 3 颗鹅卵石大小的异物。

◎ **临床检查**

该犬体温 38.7 ℃,呼吸频率 34 次/min,心率 117 次/min,瞳孔正常,患犬警惕,不爱动,腹部紧张,但摸不到里面情况。

◎ **实验室检查**

腹部 DR 检查发现肠道内发现 4 颗形状不规则物体,密度接近石头,大小 5 cm × 3 cm(图 1.23、图 1.24)。

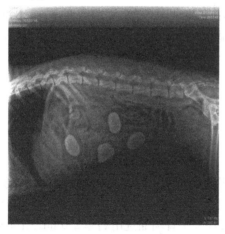
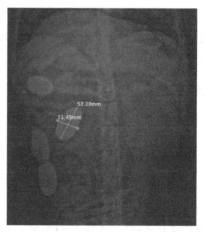

图 1.23　腹部 DR 侧位片　　　　　　图 1.24　腹部 DR 正位片

◎ **诊断结果**

肠道异物。

◎ **治疗和预后**

术前静脉放置留置针,注射头孢氨苄 20 mg/kg、止血敏 0.25 g,提前 15 ~ 20 min 注射硫酸阿托品 0.03 mg/kg。随后用丙泊酚 3 mg/kg 进行诱导麻醉,待患犬吞咽反射消失后,将其舌头拉出,进行气管插管,连接呼吸麻醉机。接入心电监护仪,监测心肺功能。

患犬仰卧保定,四肢固定于手术台。腹部剃毛,用 5% 碘伏和 75% 酒精消毒皮肤,重复 3 次。腹中线打开腹腔,进行腹腔探查,寻找梗阻肠段。将梗阻部肠段牵引至腹壁切口外,用生理盐水纱布垫隔开。在预定切口两端装置固定线。然后在肠系膜对侧,沿肠管纵轴进行肠切开,取出异物(图1.25),并用青霉素生理盐水冲洗切口。全层连续内翻缝合肠壁切口,青霉素生理盐水冲洗。术者更换手套,再次洗手消毒,更换器械及创巾。用大网膜包裹梗阻肠段,并固定于相应肠系膜上。再次用生理盐水冲洗肠管,涂抗生素油膏,将肠管还纳回腹腔内,闭合腹腔切口。

术后输液,给予消炎、止血、止痛等药物,并补充能量和复合维生素 B 等。

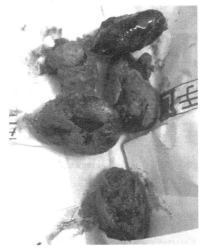

图 1.25　异物图片

◎ 病例解析

引起犬肠道异物的原因有很多,但多数是因误食坚硬的物品引起的。这些物品经口腔进入犬的体内,由于此类物品无法或者较难消化,难以被机体吸收,从而出现肠道难以排出或阻塞的情况。对已经误食异物的,可以采取保守治疗、手术治疗。如无特殊临床反应,并且误食物件较小、不易损害肠道时可以保守治疗,通过服药、打针、灌肠,让犬自主排出异物。其优点是能最大限度地减少对犬的伤害且价格相对于手术要便宜;缺点是采取保守治疗,很有可能错过手术最佳时间,轻则加重手术难度,重则危及犬的生命。手术治疗是临床一般采用的方案,此方案成功率高、风险较小,最大程度减小了异物对犬的影响。其优点是成功率高,误食异物基本都可以取出;缺点是术后应多加注意,不然可能会发炎,并且调理时间较长。

病例 19　一例犬出血性胃肠炎的诊治

◎ 基本信息和病史

雪纳瑞,雌性,2 岁 3 个月,已绝育,体重 7.4 kg,患犬当天早上精神状况、食欲、大小便等均正常。晚 9 点回家后发现大量白色黏液状呕吐物,大量鲜红色水样血便,流涎,可视黏膜苍白。

◎ 临床检查

该犬体温 37.3 ℃,精神沉郁,饮食欲废绝,四肢乏力,卧地不起,可视黏膜苍白,不停努责出现红色水样血便。

◎ 实验室检查

犬瘟热病毒(CDV)、犬冠状病毒(CCV)和犬细小病毒(CPV)均为阴性。血常规检查结果显示,红细胞和血红蛋白明显下降,血小板和白细胞升高,红细胞比容 76.9%,其他项目均未见异常。生化检查结果显示,钙降低,其他项目均未见异常。B 超检查结果显示,小肠内有大量液性暗区,其他项目均未见异常。

◎ 诊断结果

初步诊断该犬为急性出血性胃肠炎。

◎ 治疗和预后

犬急性出血性胃肠炎治疗原则为强心补液、抗菌止血、保肝护肾。该犬因大量血便,故先紧急输全血 100 mL,后采取静脉输液补充能量和保肝护肾,同时,抗菌止血,防止因大量失血导致多系统衰竭。其中,保肝护肾药品选用科特壮和奥普乐,科特壮和奥普乐可调节机体肝肾代谢,恢复肝肾功能;止血药使用酚磺乙胺、维生素 K_3、白眉蛇毒血凝酶和盐酸肾上腺素色腙,止血效果明显。另外加用地塞米松,既可稳定红细胞,又可抗炎抗毒素利于患犬恢复。犬停止呕吐且有饮欲后,饮水中添加庆大霉素与蒙脱石散止泻,因出血严重,每日喂食一次云南白药。治疗后期该犬大便次数较多,且有里急后重现象。此外,治疗期间应重点监测患犬的食欲、饮欲、大小便和体温等情况。

◎ 病例解析

犬急性出血性胃肠炎与其他炎症性疾病不同,其主要是犬胃肠黏膜通透性发生改变或者分泌功能发生变化而引起的胃肠功能紊乱,故治疗时应注意补充电解质,调节酸碱平衡。

病例 20　一例犬单侧会阴疝的诊断与治疗

◎ **基本信息和病史**

博美犬,雄性,8 岁,体重 8 kg,精神萎靡,食欲不振,排便困难。

◎ **临床检查**

该犬肛门左侧有肿大。

◎ **实验室检查**

DR 检查并未发现白色云雾或集团现象,排除肿瘤、囊肿和脓水。

◎ **诊断结果**

单侧会阴疝。

◎ **治疗和预后**

术前检查:8 岁的犬只在临床上属于老龄犬只,身体机能下降,麻醉存在一定的风险。合理的术前检查是必要的。血常规能够有效地检查患犬体内白细胞、红细胞等情况,从而分析炎症情况以及贫血、脱水、应激等问题。生化全套检查内容包括:肝功能(总蛋白、白蛋白、球蛋白、白球比、总胆红素、直接胆红素、间接胆红素、转氨酶)、血脂(总胆固醇、甘油三酯、高密度脂蛋白、低密度脂蛋白、载脂蛋白)、血糖、肾功能(肌酐、尿素氮)、尿酸、乳酸脱氢酶、肌酸激酶等,若动物体内脏器存在异常,极有可能影响手术风险。

术前准备:挤压患犬膀胱尽可能地让其排尿。为患犬扎上留置针,按处方配好液体进行输液,减少麻醉风险。提前给患犬服用止痛药,清理患处。手术器械及手术衣全部高压灭菌,手术室紫外线消毒。准备一次性刀片和可吸收缝线。取定量异氟烷注入麻醉瓶中,旋紧盖子。

麻醉过程:由于此次手术时间较长,操作难度较高,风险较大,最终选取诱导麻醉加吸入麻醉作为麻醉方式。抽取丙泊酚 5 mL 缓慢静脉注射。患犬麻醉后选择合适的气管插管,打开氧气瓶阀门,调整氧气浓度。俯卧保定犬只,打开口腔。助手将固定绳置于上颌犬齿后,一手抬起上颌、另一手固定患犬脖颈处,保持头颈伸直。术者将犬舌头拉出,暴露会厌、勺状软骨和声门裂。使用喉镜,将喉镜叶片压于舌根处,以暴露勺状软骨和声门裂。将利多卡因喷雾,喷于喉头并等待 30 s。在直视状态下将气管插管从勺状软骨中间插入气管,直至预估深度。小心注入气体使插管壁囊膨胀后,将气管插管用绳固定于上颌骨。接上氧气管,3 min 后打开接管尾端小口确认麻醉气体接入。手术需等待患犬呼吸平稳才可进行。

手术过程:俯卧保定患犬呈坐姿后,将尾巴牵向头侧固定,圈定髋结节、大转子、坐骨结节三处为术野范围。将其剃毛,术部消毒,铺上创巾。事先将灭菌的棉球或纱布塞入肛门内,将肛门用荷包缝合法闭合。在肛门外 2～3 cm 处疝的上方呈弧形切开皮肤,切开时要小心操作,避免刀口划破疝内容物。用剪刀小心切开,最大限度地扩大疝囊。打开疝囊后可以看到部分腹腔脏器漏入疝孔内,长时间停滞使这些内容物与皮肤、血管、神经粘连。这时候就需要将它们进行钝性分离(图1.26)。分离方法:手持钝剪,通过指部的向外打开一个个地分离,分离时注意避免损伤到血管、神经等。

完成分离后,找到邻近的肛门尾骨肌、提举肌、肛门外括约肌,然后将疝内容物尽可能塞回腹腔中。在肛门背侧区,通过可吸收缝线将提举肌和尾骨肌用结节缝合法缝合,再在肛门的侧壁,将外括约肌和尾骨肌缝合。在腹侧将尾骨肌和肛门外括约肌一起与内闭锁肌进行水平褥式缝合,最后闭合疝环(图1.27)。

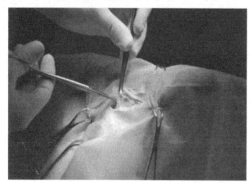
图1.26　钝性分离

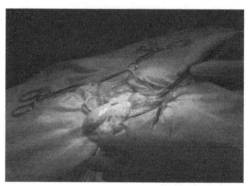
图1.27　闭合疝环

皮肤可用2号线结节缝合,缝合时注意结节的间距(图1.28)。缝合后用碘伏消毒擦拭,最后用镊子外翻术处缝口,打开肛门缝口。

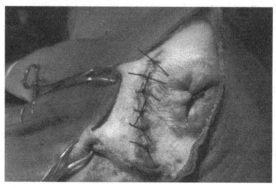
图1.28　手术缝合

术后护理:术后佩戴伊丽莎白圈,防止患犬舔舐伤口。前4天均有发现伤口溃烂,时常有粪便粘连伤口。接连一段时间一日3次清洗伤口,每日配置液体为患犬输液消炎。术后第6天,粪便硬度开始正常,不再粘连。再加上不断清洗和对伤口的上药,肿胀逐渐消退。术后第10天复诊拆线,至今未出现复发。

◎ 病例解析

会阴疝主要采用手术治疗。手术过程中需要仔细区分肌肉组织和神经组织等,然而实际上却是血肉模糊难以分辨,应适当调整分离角度和力度,也可适当切除部分脂肪等干扰因素确保施术。

临床上常用缝合尾骨肌、提举肌、肛门括约肌和闭锁内肌的方法缝合,当疝孔形成后,肌肉便会向四周崩散,需要术者逐个找到相邻的肌肉将其缝合,然后可用荷包缝合法将肌肉一起缝合,缝合时注意缝线应牢固,降低术后复发率。

　　不同的手术方式适用于不同等级的病情,在手术实行中要仔细区分疝气等级、肌肉萎缩程度等,如肌肉萎缩严重,可选用腹腔固定术或臀浅肌转位术等方式;萎缩较轻,可选用基础术式。结合实际,针对性地选取施术方式,从而确保手术的成功率。该病复发率高居不下,术后应重视患处的清洁和消炎,制订恰当的输液方案,辅以正确的康复乳膏等药剂。

病例21 一例犬传染性性病肿瘤的诊治

◎ **基本信息和病史**

中华田园犬,雄性,未绝育,半年前阴茎出现滴血,食欲和大小便正常,精神正常。

◎ **临床检查**

该犬体温、脉搏、呼吸未见异常,体重10.2 kg,阴茎及包皮肿大,内壁有菜花样结节。

◎ **实验室检查**

病理切片显微镜检查发现病变部位组织表面被覆盖的鳞状上皮部分被破坏,以弥漫增生的异型细胞,细胞大小一致,部分胞浆空壳,核圆形或卵圆形,核仁明显,核分裂易见(图1.29)。

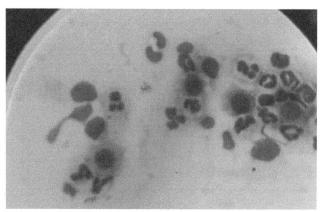

图1.29 病理切片显微镜检查结果

◎ **诊断结果**

犬传染性性病肿瘤。

◎ **治疗和预后**

静脉注射长春新碱0.5~0.7 mg/m²,每7天1次,直到临床症状完全消失(4~6周)。限制和其他犬接触,直到肿瘤完全消退。化疗时,观察是否呕吐。检测复发情况,特别是只做手术治疗时。

◎ **病例解析**

犬传染性性病肿瘤,也被称作犬传染性性病肉瘤,是一种犬类天然形成的水平传播的性病肿瘤。该病主要损害犬外生殖器,偶尔还会感染犬内生殖器和其他黏膜。该病主要通过交配的途径进行传播,在犬只与其他犬只交配或群体接触过程中,患犬脱落的表皮肿瘤细胞会转移到新的健康犬只宿主中。在这种自然传播过程中,肿瘤细胞可以通过被擦伤的黏膜侵入犬只宿主机体,具有明显的传染性。手术切除病变肿瘤组织后使用抗肿瘤药物化疗,可快速、彻底根除该病,是比较理想的治疗方案。一般使用长春新碱治疗 3~4 周,若效果欠佳则推荐使用阿霉素。在一些病例中,手术切除后未使用如长春新碱类的抗肿瘤药物,而是使用干扰素,且未见复发。

病例 22　一例犬的脓皮病的诊治

◎ **基本信息和病史**

吉娃娃犬,雌性,3 月龄,体重 3 kg,已绝育,未接触过其他动物,定期接种疫苗,定期驱虫。

◎ **临床检查**

全身有皮屑,发红,溃烂,瘙痒程度评分(0 ~ 10):8(图 1.30、图 1.31)。

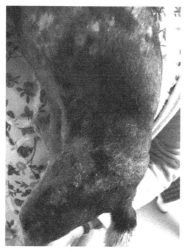

图 1.30　犬背部皮肤图片

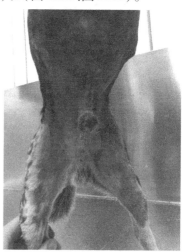

图 1.31　犬腹部皮肤图片

◎ **实验室检查**

皮肤组织显微镜检查结果如图 1.32 所示。化验结果提示患犬为细菌感染及中性粒细胞浸润。

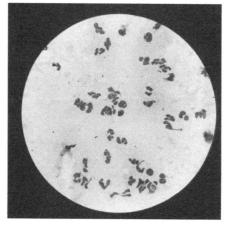

图 1.32　皮肤组织显微镜检查结果

◎ **诊断结果**

脓皮病。

◎ **治疗和预后**

患犬使用康泰乐香波洗护,每周 2 次。口服头孢氨苄 20 mg/kg,连用 4 周。

◎ **病例解析**

在当前的宠物临床上,细胞学检查用于化验犬脓皮病是最切实可行的方法。脓皮病的确诊标志是发现细菌存在于炎性细胞内,退变的炎性细胞或染色质间出现细菌是脓皮病的间接证明。退变的嗜中性粒细胞的大量出现(>90%)意味着急性化脓性反应;巨噬细胞的增加(>15%)意味着慢性或深层的感染。如果脓疱中无法发现细菌,说明病变的原发病因可能与细菌感染无关。在涂片中发现球菌与杆菌同时存在,则意味着混合感染。深度脓皮病涂片中的细菌量通常比浅层的少。值得注意的是,对所有怀疑或确诊为脓皮病的犬均应该进行深度刮片。因为蠕形螨经常会继发脓皮病。皮肤的深层刮片最适合采取直接显微镜检查的方法,用于寻找蠕形螨,而不适用于染色后寻找细菌,主要是由于较多的血液会污染涂片,造成微生物和炎性细胞的稀释,使细胞学的判读更加困难。

病例 23 一例犬第三眼睑增生的诊治

◎ **基本信息和病史**

中华田园犬,雄性,11 月龄,体重 9 kg,体温 38.6 ℃,最初患眼处只见肿胀、潮红,使用氯霉素眼膏好转,停药后复发,且越长越大。

◎ **临床检查**

患犬的下眼睑内眼角生成一个粉红色肉芽状增生物,眼红肿、流泪、眼睛分泌物明显增加等明显的眼部炎症及不适症状(图 1.33)。

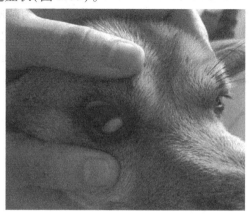

图 1.33 犬下眼睑内眼角

◎ **实验室检查**

生化检查结果正常。

◎ **诊断结果**

犬第三眼睑增生。

◎ **治疗和预后**

术前禁食 6 h,禁水 2 h,通过血常规、生化检测等指标评估动物生理状况。

术前准备:皮下注射阿托品 0.04 mg/kg,15 min 后静脉推注舒泰 0.4 mg/kg。麻醉后侧卧保定,患眼在上,垫一毛巾抬高头部,眼周碘伏消毒,0.5% 的聚维酮碘(5% 的药用聚维酮碘1∶9 稀释)冲洗患眼。

手术过程:暴露内侧的第三眼睑,腺体的两侧各使用一牵引线。用生理盐水浸湿的棉球遮盖眼球,防止误伤。在球结膜腹面做 1 cm 的平行切口,背侧在腺体游离缘,将结膜从脱出的腺体上彻底分离。用可吸收线缝合两切口。从瞬膜外侧打结进针,连续缝合两切口将脱出的腺体包埋,至末端留一小口让泪液可以流出,再穿过瞬膜出针打结在外侧。去除棉球,整理冲洗消毒。

术后护理:术后6 h给予饮水和饮食,佩戴伊丽莎白圈,防止患犬用前爪抓挠伤口。观察患眼部位,当停止渗血后每天涂抹辉瑞眼膏2~3次,连用10天左右。

◎ **病例解析**

本病发病原因尚不清楚,采用手术治疗,能达到临床治愈。个别病例预后发生眼睑位置改变,在手术时缝合到巩膜层,防止眼睑变位。在术后作眼睑矫正缝合可达到复位的目的。麻醉与固定是防止眼球损害的重要环节,故麻醉要确实。防止术后感染是手术成败的关键。早期选用抗菌眼药和抗生素注射,并防止患犬抓搔眼部。

病例24 一例犬耳道马拉色菌感染的诊治

◎ **基本信息和病史**

黑贵犬,雌性,2岁,体重4 kg,已绝育,没有驱虫,已接种疫苗,既往病史不详,生活在室内,未和其他宠物接触。

◎ **临床检查**

该犬精神状态和饮食正常,犬耳朵发红发臭,褐色耳屎多,未及时用药,瘙痒程度为8。

◎ **实验室检查**

取耳道物质染色,显微镜检查可见马拉色菌(图1.34)。

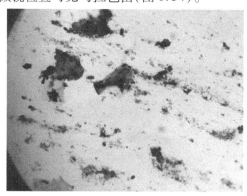

图1.34 耳道物质显微镜检查结果

◎ **诊断结果**

该犬患有马拉色菌感染。

◎ **治疗和预后**

Tris-EDTA洗耳液、耳肤灵:用Tris-EDTA灌洗耳道,将耳垢灌洗出来之后,外用含伊曲康唑成分的耳药。常用洗耳水有耳漂、速尔爽、奥兹洗耳液等。耳药有耳肤灵、耳可舒等。治疗周期:2~3周,每周复查。第1周每天1次,之后每周2次,最后到每周1次。视病情变化调整。预后除少数病程很长,耳道增生并且混合感染严重病例需要全耳道切除,大部分病例合理治疗后恢复良好,但容易反复发作。

◎ **病例解析**

本病病程较长,容易反复,应谨慎使用棉签清理耳分泌物,并做到定期复查、定期清理。注意是否存在伴发其他病因或潜在诱发外耳炎的病因,特别是反复发作时。严重耳道增生堵塞病程很长的病例可能最后需要全耳道切除,要在首诊时交代清楚。

病例 25　一例犬骨折病例的诊治

◎ **基本信息和病史**

柯基犬,雄性,4 岁,体重 8.2 kg,已绝育,一小时前从家里跑出未牵绳被车压到右后肢,不能行走,完全免疫。

◎ **临床检查**

该犬体温 37.5 ℃,脉搏 85 次/min,呼吸频率 20 次/min,精神欠佳,右后肢肿大,疼痛反应明显,严重跛行,触诊右后肢胫腓骨骨折,不能屈伸。

◎ **实验室检查**

血常规检查见红细胞平均体积下降,有轻微贫血表现。其他无异常。

X 线检查发现该犬右腿骨折(图 1.35)。腹腔 DR 检查,腹腔及胸腔中脏器无明显损伤。

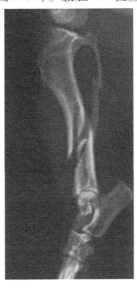

图 1.35　X 线检查结果

◎ **诊断结果**

右后肢胫腓骨骨折。

◎ **治疗和预后**

住院观察 3 天,因未伤及大血管和神经,待肿胀消失后进行手术。柯基犬腿短,手术难度大,采用双板桥接内固定术。第 1 天:由于患犬较为萎靡,精神不佳,体温较低,需隔 2 h 观察 1 次,测量体温、心率、血压等。食欲欠佳,未大小便,观察期间发现犬阴茎前段有轻微出血,报告医师,检查发现阴茎部有小伤口,无大问题。第 2 天:患犬大小便正常,食欲正常,精神尚可。给药:头孢唑林钠+甲硝唑+美洛昔康,下地行走悬跛依旧。第 3 天:患犬基本体况正常,骨折处肿胀消退,精神食欲大小便正常,准备手术。

术前给药:头孢唑林钠 30 mg/kg,甲硝唑 2 mL/kg,美洛昔康 0.1 mL/kg,静灵(盐酸右美托咪定)0.07 mL/kg 稀释后进行备皮,再使用丙泊酚进行诱导麻醉(0.6 mL/kg)进行插管等操作。

手术过程:腓骨前内侧作一平行于腓骨的皮肤切口,切口与腓骨等长。继续分离筋膜,暴露骨折断端,注意避开内侧神经和隐静脉。用骨膜剥离器分离骨膜,将接骨板压在骨折部位,用导钻对准接骨板上的孔隙,电钻钻孔,并用丝锥攻丝。接着将螺丝旋入骨皮质中,直到在对侧骨皮质打出。依次将接骨板上的孔隙的螺钉钉入,旋紧固定。缝合肌组织,筋膜和皮下组织以及皮肤。术后 X 线检查,预后良好。

◎ **病例解析**

导致骨折常见的原因是严重的身体创伤,比如车祸或高处坠落,其他不常见的非创伤性病因包括肿瘤、感染和代谢性疾病。骨折后所造成的机械性损伤为直接损伤,通常包括对骨骼的冲击、压迫、剪切、撕裂、拉扯等,由于断裂面不稳定或持续的外部压迫导致的损伤为继发损伤,包括出血、缺血和水肿。因此要特别注意骨折后的继发病症。

病例 26 一例犬角膜二次移植病例

◎ **基本信息和病史**

重庆本地杂交宠物犬,雄性,1 岁,体重 5 kg,精神状况良好,食欲尚可,大小便正常,体温 38.5 ℃。该犬于 2021 年 6 月 11 日来医院就诊,检查时发现左眼角膜左上部有一圆形白斑,中间部分即将穿孔,角膜周围有大量新生血管,尤其 3~7 点方向长度达到 3 mm 以上,经畜主介绍为 9 日前腐蚀性液体烧伤。对该犬进行全身检查以后实施穿透性角膜移植手术,手术过程顺利。该犬回家自行护理。

◎ **临床检查**

在术后第 2 天检查时发现植床和植片交界处出现混浊,5 天时混浊程度加剧并移向植片中央,大量新生血管长出,7 天后仍未见术眼好转,植片混浊加剧并出现严重的炎症反应,裂隙灯下检查,可见虹膜前粘连明显。

◎ **实验室检查**

细菌、真菌涂片及培养检验,未发现植片伴有明显感染情况。

◎ **诊断结果**

初步诊断为植片发生急性免疫排斥反应,药物不能控制病情,需二次行穿透性角膜移植手术。

◎ **治疗和预后**

术前准备:对患犬术前禁食 12 h,禁饮 2 h,将其患眼周围分泌物清洗干净,用宠物专用电推剪清除患眼睫毛,上、下眼睑及其周围皮肤毛发。

将患犬静脉快速滴注甘露醇 50 mL 降低眼压,术前 1 h 用 1% 硝酸毛果芸香碱滴眼液滴眼 3 次,每次 1~2 滴,间隔 5 min。皮下注射硫酸阿托品 1.4 mL,15 min 后静脉推注舒泰 0.5 mL,行诱导麻醉,并同时配合使用 1% 丁卡因,进行表面麻醉滴眼 3 次,每间隔 5 min 滴 1 次,每次 3~4 滴。其间用手掌肌肉持续充分压迫,按摩眼球,可有效地降低术中的眼压,保证全手术过程中眼内压的稳定。用 5.0 型号气管插管进行吸入麻醉,侧卧保定患犬,患眼在上,头部使用布袋垫高,处于水平位置。按眼常规进行消毒,铺无菌手术巾。

手术过程:先用开睑器打开眼睑,0 号缝线固定眼球,使之完全暴露。然后用 8.0 mm 环钻(第 1 次移植用的是 7.5 mm 环钻)在角膜病变区压出一痕迹,移开环钻,观察压痕位置,须将病变组织全部包绕,由于该患犬虹膜前粘,取病变角膜时伴有大量出血,用浸有肾上腺素的棉签清理血凝块后在植床下注射黏弹剂以保护内皮细胞。用 8.25 mm 环钻钻取新鲜供体植片。将移植片内皮面朝下,盖于移植床上,在放植片前,先向前房中滴入黏弹剂,以防止在缝合时虹膜晶状体摩擦损伤植片内皮细胞,用 10-0 带铲形的单丝尼龙线缝合移植片。缝合时,先缝合上方 12 点方位,用有齿镊夹住植片 1～2 mm,进针时缝针垂直于角膜面,当针尖达到角膜 3/4 厚度或后弹力层时再平行于角膜面出针,镊子再夹于 12 点方位植床边缘,由后弹力层前进针,于植床缘 1 mm 左右垂直出针,形成一个 U 字形的路线,然后依次缝合 6 点、9 点、3 点方向,以后间断缝合余下 12 针。最后用灭菌空气建立前房,确定缝合严密无漏气,以及缝线无松动,手术完成。

术后护理:佩戴伊丽莎白圈,术后 3 天每天静脉滴注氨苄西林钠和地塞米松磷酸钠注射液,眼局部每天用红霉素眼膏包眼,直到上皮完全愈合。然后用地塞米松磷酸钠滴眼液和 1% 西罗莫司交叉点眼,每天 4～6 次,每次 2 滴。

◎ 病例解析

角膜植片混浊的原因有很多,比如植片免疫排斥反应、感染、慢性功能缺失等,但是植片免疫排斥反应是植片逐渐变混浊的最主要原因,特别是该患犬的原发病为化学伤害的高危角膜。在排除感染引起的免疫排斥反应后,一个很重要的原因可能是虹膜前粘连,它会加速角膜植片水肿,易促发内皮型植片急性免疫排斥反应,造成植片混浊。免疫排斥反应发生后的植片很容易出现各种继发感染,而继发感染很有可能波及整个眼球,使病情恶化。

在第 2 次移植中,转植床的过程相当重要,一方面必须确保转刀在术部中央并能完全覆盖第 1 次移植的植片;另一方面在剥离坏死角膜的时候必须非常仔细,以防止其与虹膜粘连引发的出血。在第 1 次手术移植的术后观察中,我们发现,该犬的排斥反应的时间非常快,并没有出现以往病例中的转归现象,故在急性免疫排斥反应行二次手术移植的时机应适当提前,以降低手术风险,增加移植成功率。二次穿透性角膜移植术是一些角膜植片混浊患犬再次复明的希望,它相对于第 1 次移植,要求更高,难度更大,在对手术时机的把握及术中操作技巧和术中术后并发症的处理上都更为严格。二次穿透性角膜移植术术中应充分形成前房,避免术后虹膜再次粘连造成免疫排斥发生。术后最初一周患眼周围有大量的分泌物附着,并且常有抓挠和摩擦术眼的情况发生,应用无菌棉签清除干净分泌物和局部镇痛药避免自残。

病例 27　一例犬急性胰腺炎的诊治

◎ 基本信息和病史

史宾格犬,雄性,5 岁,体重 15.15 kg,免疫史合理。主诉该犬近日食欲废绝、呕吐不止、弯腰弓背。该犬平时工作耐力一般,易疲劳。有过腹泻、粪便稀软的病史,经多次治疗未有明显效果。

◎ 临床检查

患犬精神沉郁,行走无力,喜卧,体格瘦弱,被毛干枯、无光泽,犬低头弓背呈"祈祷姿势"(图 1.36),可视黏膜苍白,眼部分泌物较多,体温 39.5 ℃。触诊腹壁紧张,腹部压痛剧烈,弓背收腹。心脏听诊时心率为 90 次/min,未闻及明显异常心音。

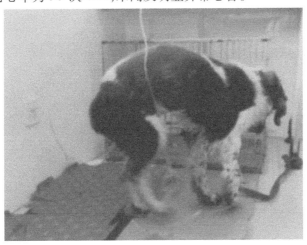

图 1.36　犬低头弓背姿势

◎ 实验室检查

血常规检查结果显示,白细胞总数升高,中性粒细胞和单核细胞总数升高,淋巴细胞总数降低。生化检查结果显示,血清淀粉酶、脂肪酶含量升高,尿素氮、肌酐水平升高。血气检查结果显示,血液 pH 值降低,HCO_3^- 和 p_{CO_2} 均升高,K^+、Cl^- 浓度降低。犬胰腺炎快速诊断试纸检测结果呈阳性。

◎ 诊断结果

该犬为急性胰腺炎伴发急性呼吸性酸中毒。

◎ 治疗和预后

治疗原则:抑制胰腺分泌,消炎止痛,纠正水盐电解质紊乱,处理并发症,加强护理。

治疗方案:禁食禁饮 3~4 天,减少胰液分泌,减轻腹痛症状。抑制胰腺分泌:皮下注射硫酸阿托品 1.5 mL;口服胰酶胶囊,1 次/片。补液、纠正酸中毒:复方林格氏液 500 mL,碳酸氢钠注射液 15 mL,氯化钾注射液 6 mL,慢速静脉滴注;5% 葡萄糖氯化钠 200 mL,氨苄西林 0.7 g,静脉滴注。镇痛:哌替啶 10 mg,肌内注射。处理并发症、改善肾衰症状:拜恩-迪林(DP9)内服,每日 1 片;护肾延命胶囊内服,每日 3 片,早晚各口服 1.5 片。营养支持、促进食欲:复方布他磷注射液 1.5 mL、复合维生素 B 2 mL,皮下注射。经 7 天治疗,预后恢复良好。

◎ **病例解析**

该病主要需要加强犬的饲养管理,规范犬的合理饮食,控量给予高碳水化合物、低脂食物,杜绝暴饮暴食现象的发生,加强犬的运动量。当发现病情时,及时准确地诊断病情是最佳治疗的保障。

病例 28 一例犬包皮撕裂的诊治

◎ 基本信息和病史

猎犬,雄性,5 岁,下午打猎时被野猪拱伤,曾用碘酒处理伤口。

◎ 临床检查

该犬体重 17 kg,体温 39.0 ℃,精神沉郁,包皮撕裂严重,阴茎暴露,伤口污染。

◎ 实验室检查

血常规检查结果显示白细胞增多,其他检查项目均未见异常。

◎ 诊断结果

该犬包皮撕裂。

◎ 治疗和预后

保定后,皮下注射阿托品 0.5 mL,以减少腺体分泌,解除迷走神经对心脏的抑制;15 min 后肌内注射犬眠宝 0.9 mL。同时准备急救药以防麻醉药中毒。

首先清理伤口周围毛发、污物、炎性分泌物,用生理盐水冲洗并用纱布蘸干。因该犬伤口大、撕裂较深,故对于不同的部位需采取不同的缝合方法。结节缝合法缝合深部肌肉和皮肤;水平褥式内翻缝合法缝合阴茎撕裂处,以防止缝线与包皮或阴茎摩擦而损伤包皮或阴茎。缝合包皮时,可在患处涂抹红霉素软膏,一方面起到抑菌防腐生肌的作用,另一方面也可起到润滑作用,减小摩擦。

该犬术后排尿正常,无尿液漏出现象,故包皮缝合手术成功。包皮撕裂手术缝合后犬可能出现阴茎不适,属正常现象,一般拆线后可逐渐消失。术后患犬护理得当,伤口愈合良好。患犬饮食以清淡的流食为主,抗生素配合止痛药使用,以减少伤口感染和疼痛;尽量保持患犬安静,避免剧烈运动,促进伤口愈合。

◎ 病例解析

犬包皮撕裂的治疗原则为清创消毒、手术缝合、抗菌消炎、防止感染。该犬术后因伤口炎症导致食欲下降,故采取静脉注射补充能量物质。此外,术后要注意手术部位有无出血或其他渗出物,着重监测患犬的体温变化及小便情况。若体温升高、小便困难应及时处理,防止炎症加重。

病例 29　一例犬大面积皮肤撕脱的治疗与护理

◎ 基本信息和病史

萨摩耶,雌性,4 岁,未绝育,免疫齐全。在小区停车场内被汽车碾压,导致身体左胸腹部皮肤、右背腹部皮肤大面积瘀血,四肢、臀部等多处挫伤,患处被泥土、被毛污染严重。

◎ 临床检查

该犬精神萎靡,双眼充血,体温 37.0 ℃,呼吸急促,脉搏 136 次/min。

◎ 实验室检查

X 线检查结果显示右前肢骨折。

◎ 检查结果

大面积皮肤撕脱。

◎ 治疗和预后

急救:急救原则为止血、止痛、供氧、防止继发感染和休克。急救人员先检查出血症状并及时止血、止痛、供氧,然后用静脉留置针在左前肢头静脉建立静脉通道,采集少量血样供检查。情况稳定后进行手术治疗。严密观察病情,随时调整补液量。

手术治疗:该犬皮肤坏死脱落面积较大,并有大量液体渗出,为防止因长时间暴露而致伤口感染,决定及时清创并缝合部分皮肤。术部剃毛消毒,平卧保定,四肢分别前后绑定。用生理盐水和替硝唑交替冲洗掉坏死组织及渗出液,除掉污物和毛发。轻轻剥刮裸露的皮下组织,直至有微微渗血为止,剪除已撕脱且坏死的皮肤,将皮瓣游离边缘与周围皮肤组织进行部分缝合,对皮肤伤口进行消毒。

术后护理:该犬皮肤撕脱面积大,只缝合了部分皮肤,应对其进行隔离监护,隔离室内铺一次性尿垫,以防伤口继发感染。同时注意保持平卧姿态,每间隔 1 h 变换体位一次。定期观察术后皮瓣的颜色变化和温度变化,以免因压迫和感染导致伤口溃烂。每天对患部用乳酸林格氏液、替硝唑和生理盐水轮换冲洗,纱布蘸干,以保证患部干燥和卫生。此外,必须限制犬活动,以利于伤口愈合。

◎ 病例解析

因为患犬创面较大,且长期食欲不振,机体能量消耗大,不利于伤口的修复,所以应加强患犬营养支持,采食高蛋白、高能量的处方粮。可根据情况在补液中添加机体消耗所需的营养素,以避免患犬因营养不良导致伤口无法良好愈合。当患犬度过休克及感染期后,随之进入损伤修复期及功能康复期。因损伤范围大,治疗时间长,故应根据创面情况,对肢体关节进行恢复性锻炼或者对患肢进行定期按摩,以防止肌萎缩。本病例中体温测量采用大腿内侧体温代替肛温,这是因为患犬左右两侧腹部皮肤大面积瘀血坏死,右前肢骨折,且全身多处挫伤,导致该犬无法站立。大腿内侧体温并不能准确反映患犬实际体温及全身状况,所以在护理时应特别注意观察伤口的感染情况,定时监测患犬的白细胞数量。

病例 30　一例犬蠕形螨的诊治

◎ **基本信息和病史**

德牧沙皮混血,雄性,1岁,面部溃烂,瘙痒,散发恶臭,精神萎靡,食欲不佳,未接种疫苗,未驱虫。

◎ **临床检查**

感染初期患部脱毛,皮肤发红、变厚、多皱纹,皮脂腺分泌增强,覆盖有银白色黏性的糠皮样鳞屑。犬只瘙痒,少部分会出现黑头、丘疹和小的红色突起。

感染后期犬只出现遍布全身脱毛病变,出现黑头、丘疹和红色突起及病变部位出血。结痂通常表面存在继发感染,发展为毛囊炎、脓皮病等,这也会导致皮肤瘙痒。皮肤变成淡蓝色或红铜色,发出难闻的臭味。

◎ **实验室检查**

伍德氏灯检查为阳性。

血常规检查结果显示,白细胞升高(提示有炎症),血红蛋白值和红细胞比容下降红细胞数目上升(贫血),嗜酸性粒细胞百分比上升(主见寄生虫病过敏等)。

皮肤刮片显微镜检查发现大量蠕形螨(图1.37)。

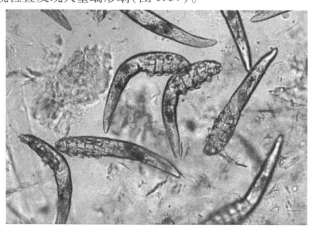

图1.37　皮肤刮片显微镜检查结果

◎ **诊断结果**

犬蠕形螨病并继发有真菌感染。

◎ **治疗和预后**

用生理盐水冲洗脓包痂皮处,每日患部清洗后用碘酊进行消毒,再涂抹药膏。

口服速诺 12.5 mg/kg,2 次/天;瑞莫迪卡洛芬咀嚼片 4.4 mg/kg,1 次/天;犬用深海鱼油胶囊,每日 1 粒;外用紫草膏和宠愈膏,维克派奥洁药浴,每周 1~2 次,每 2 周驱虫 1 次。

蠕形螨病的成功管理相当困难。局部性病例需每几周复查 1 次,直至犬长大不再发病。青年型全身性蠕形螨病患犬通常需每月复查 1 次,直到继发感染消除,然后在整个治疗期间每 4~8 周复查 1 次。某些全身性患犬不能治愈,必须终身定期治疗以控制病变的发展。

对于患局部性蠕形螨病的幼犬,预后极好。85% 的青年型全身性蠕形螨病患犬可被治愈。成年型病例的治愈率不定,依赖于动物的整体健康状况。

◎ 病例解析

犬蠕形螨病是由蠕形螨科、蠕形螨属的犬蠕形螨引起犬的一种皮肤寄生虫病。它是一种常见而又顽固的皮肤病。犬蠕形螨多寄生在犬的眼、耳、唇以及前腿内侧的无毛处,多寄生在毛囊中,很少寄生在皮脂腺,严重时虫体可寄生于犬的淋巴结和其他组织内,甚至在犬的耳道、趾(指)间也可查到虫体,由于免疫功能下降常引起全身性蠕形螨感染。

病例 31 一例犬盆骨游离合并会阴疝的诊治

◎ **基本信息和病史**

博美犬,雄性,1 岁,体重 4.75 kg,其受碾压伤,后肢无法站立。

◎ **临床检查**

患犬体温 36.5 ℃,心率 180 次/min,精神不佳,后肢不能负重,无法站立,呈俯卧姿势,右腿肿胀,其排尿正常,未见尿血,心音及呼吸音无明显异常。患犬后肢反射存在,痛觉缺失,肛周反射缺失。

◎ **实验室检查**

血常规检查结果显示,白细胞总数升高,其他无明显异常。生化检查结果显示,血糖轻度升高,碱性磷酸酶含量升高。

DR 检查显示,患犬左侧荐髂关节脱位,右侧髂骨体骨折,坐骨骨折,耻骨骨折,荐骨与第一尾椎脱位,软组织严重损伤(图 1.38)。硫酸钡造影后发现患犬有特殊的会阴疝(图 1.39)。

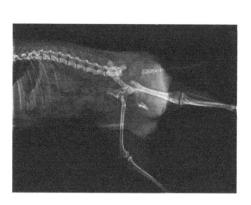

图 1.38 DR 侧位片

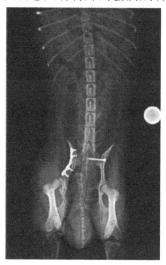

图 1.39 DR 正位片

◎ **诊断结果**

根据临床症状及各项检查,诊断该犬左侧荐髂关节脱位,右侧髂骨体骨折,坐骨骨折,耻骨骨折,荐骨与第一尾椎脱位,并发会阴疝。泌尿系统逆行性造影发现患犬膀胱与尿道无破损。

术前准备:器械常规无菌处理,准备适合该犬的骨科器械包,包括对应的 PRCL-5 mm 骨板、螺钉、螺钉起子等。镇静选用乙酰丙嗪 0.1 mg/kg 静脉推注,镇痛选用美洛昔康 1 mg/kg

静脉推注,丙泊酚 6 mg/kg 进行诱导麻醉后用 4.5 mm 的气管插管,接上异氟烷维持麻醉并实时监测麻醉情况。

手术过程:术部消毒臀后部做切口,切开皮肤发现患犬臀部肌肉已撕裂,部分组织轻度坏死。将肠道送回腹腔后修复部分肌肉。继续分离肌肉、骨骼,清理血凝块,暴露术区,见骨折的髂骨,用持骨钳和复位钳对右侧髂骨骨折处进行复位,复位后用 PRCL-5 mm 的骨板塑形,骨折线两侧各植入 1 个 1.5 mm 的皮质螺钉,头侧再植入 1 个 2.4 mm 的锁定螺钉,尾侧植入 1 个 2.4 mm 的锁定螺钉,随后把骨折线两侧 1.5 mm 的皮质螺钉更换为 2.4mm 的锁定螺钉。左侧荐髂关节脱位处分离荐棘肌和臀中肌,复位髂骨与荐骨。荐骨选用 1.8 mm 钻头打螺孔,髂骨选用 2.4 mm 钻头打螺孔,随后选用 2.4 mm 螺钉以拉力螺钉方式进行复位。复位时避开神经、血管,打孔时助手用生理盐水冲洗降温,并用吸引器吸干水分,防止温度过高和空腔积液。会阴疝内容物主要为肠管,其肠管颜色、厚度均正常,遂常规闭合疝孔。最后用 3-0 PDO 可吸收线对肌肉进行缝合,用 3-0PGA 缝合浅筋膜和皮肤。

术后护理:术后患犬静脉输注广谱抗生素,连用 5 天,并给予罐头补充营养。创伤导致该犬小便暂时性失禁,肛周反射缺失,大便失禁,其术后应严格笼养,限制活动。术后 1 周左右患犬腹部的瘀血好转,术后第 4 天后肢能站立行走,第 11 天小便恢复正常,右后肢点地不着力,术后第 20 天,后肢能运动,恢复良好。

◎ 病例解析

会阴疝指腹腔内脏器经盆腔底部的肌肉与筋膜间隙由会阴部脱出。常见于幼年、老年及体弱动物,多由于腹腔压力突发性增大而引起。本病例就是骨折后疼痛引起的腹腔压力增大所导致的。

病例 32 一例犬双侧髂骨及一侧股骨远端骨折的诊治

◎ **基本信息和病史**

中华田园犬,雌性,2 岁,体重 12 kg,于清晨外出时被出租车撞伤,后躯出现行动障碍。

◎ **临床检查**

该犬精神沉郁,低声呻吟,肉眼可见左侧股骨有明显的骨折现象,双手触诊有明显的骨摩擦音。

◎ **实验室检查**

X 线检查结果可见双侧髂骨及左侧股骨远端骨折(图 1.40)。

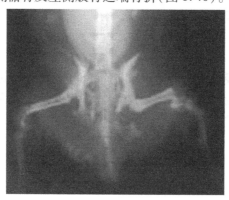

图 1.40 X 线检查结果

◎ **诊断结果**

双侧髂骨及左侧股骨远端骨折。

◎ **治疗和预后**

术前准备:术前 30 min 皮下注射痛立定 0.1 mL/kg,皮下注射阿托品 0.04 mg,15 min 后静脉推注丙泊酚 5 mg/kg 行诱导麻醉,插管后用异氟醚吸入麻醉。双侧荐臀部和左侧股部、膝关节部剃毛,随即行留置针静脉穿刺,补充能量,纠正电解质紊乱,维持血压,术部常规剃毛、消毒。

手术过程:患犬侧卧保定,患部朝上,先行一侧的髂骨内固定术。从髂嵴开始至大转子后下缘做一弧形切口,钝性分离皮下组织、脂肪层以及浅筋膜,使用开张器尽可能向两侧牵引以充分暴露切口。切开臀深筋膜,并钝性分离阔筋膜张肌与臀中肌,顺肌纤维方向钝性分离至股二头肌前端,沿股二头肌肌纤维方向将其向后分离,使之成为与前切口垂直的"T"字形切口,在此过程中应注意不要伤到臀前动、静脉以及神经。用丝线贯穿臀中肌并用止血钳夹住作为牵引线,防止向切口内退缩。进一步锐性分离臀中肌与缝匠肌的交会处,同时注意结扎髂腰血管。使用手术刀切开臀深肌的附着起点,同时做牵引线进行牵引固定,充分暴露髂骨。找到骨折断端后,使用有齿镊将细小破碎的骨渣、组织取出,同时使用温热的生理盐水冲洗血凝块,充分清理断端。助手用抓骨钳将骨折断端对合,术者选择大小合适的接骨板进行贴合,并根据其位置将接骨板拧成一定的弧度,使其能够更好地吻合在髂骨上。接骨板对接完毕后,将骨螺钉置于髂骨旁,估测其深度,使用大力剪将多余的螺丝剪除,随后使用电钻首先在骨折线远端进行钻孔,当钻穿表层骨密质后退出钻头,更换大一号的钻头进行打孔,当抵达后缘骨密质层时,再次更换小一号的钻头进行打孔,以此由远及近在骨折线两侧各钻两个孔,随后使用比小钻孔小一号的骨螺钉进行旋转固定,当骨螺钉全部旋紧后随即进行拍片,确定骨螺钉固定的情况。随后依次将臀中肌筋膜与缝匠肌缝合在一起,臀中肌与阔筋膜张肌缝合在一起,缝合脂肪、皮下组织以及皮肤。

左侧卧保定,右后肢悬吊,使用干燥的灭菌纱布块将膝关节以下的部位进行包裹隔离。确定骨折位置后自骨折线沿髌骨旁做一弧形的皮肤切口,钝性分离皮下脂肪及筋膜,沿股二头肌前缘在阔筋膜上做一平行于皮肤的弧形切口,切口下缘与髌韧带平行。进一步向后躯位置牵引股二头肌并用手术刀切开连接于股骨上的阔筋膜张肌间隔,充分暴露骨折断端和关节囊。为使手术视野方便,可左右滑动髌骨最大限度地暴露股骨远端,使用小号的接骨板进行对接,拍片确认固定良好后,依次进行组织缝合,在闭合关节囊外侧时应注意缝线仅穿过外纤维层,防止关节软骨的磨损。

术后护理:将术犬置于安静的房间内,佩戴伊丽莎白圈,静脉滴注广谱抗生素10~15天,服用止痛药物3~5天,术后3~4周内严格限制运动,给予高钙食物,手术1月后可让其适当做轻微运动,进行功能性恢复。

◎ 病例解析

髂骨骨折手术时,当牵引股二头肌时,一定要注意坐骨神经,由于其紧贴在髂骨体内侧面,动作过大时极易造成其损伤。股骨骨折的内固定方法较多,通常可采取克氏针固定、接骨板固定、钢丝固定等,由于该犬骨折位置紧靠膝关节,且骨质疏松较严重,故没有采取钢针固定而选择接骨板固定。在缝合关节囊的时候,采取可吸收的 PGA 缝合线,并注意缝线要仅缝合在关节囊的外纤维层,否则容易造成关节软骨的磨损。

病例 33　一例犬吉氏巴贝斯虫与细小病毒混合感染的诊治

◎ 基本信息和病史

拉布拉多犬,雄性,3月龄,未去势。主诉该犬当天早上精神状况较差,食欲废绝,大便稀软带泡沫,有呕吐。

◎ 临床检查

该犬体重13 kg,体温39.7 ℃,精神沉郁,饮食欲废绝,四肢乏力,卧地不起,可视黏膜苍白。

◎ 实验室检查

血常规检查结果显示,白细胞总数明显下降(白细胞数目4.40×10^9/L),淋巴细胞上升,红细胞和血红蛋白严重下降(红细胞数目0.84×10^{12}/L,血红蛋白浓度21 g/L),血小板严重下降,红细胞比容6.4%。细小病毒试纸板检查呈阳性;血涂片高倍镜下发现大量犬吉氏巴贝斯虫。

◎ 诊断结果

该犬为细小病毒与犬吉氏巴贝斯混合感染。

◎ 治疗和预后

犬细小病毒与巴贝斯混合感染时以治疗犬细小病毒病治疗为主,兼顾犬吉氏巴贝斯虫病。治疗处方:0.9%氯化钠注射液80 mL,5%葡萄糖注射液80 mL,维生素C 0.5 g,维生素B$_6$ 0.1 g,肌苷0.1 g,ATP 20 mg,静脉滴注;0.9%氯化钠注射液40 mL,科特壮2 mL,奥普乐2 mL,静脉滴注;0.9%氯化钠注射液80 mL,头孢曲松1 g,利巴韦林0.2 g,静脉滴注;5%葡萄糖注射液40 mL,碳酸氢钠1.0 g,静脉滴注;5%葡萄糖注射液100 mL,清开灵10 mL,静脉滴注;犬细小病毒单克隆抗体10 mL,α-干扰素200万IU,皮下注射;庆大霉素40 mg,皮下注射;巴曲亭1 IU,肌内注射;维生素K$_3$ 20 mg,皮下注射;促红细胞生成素1 000万IU,皮下注射,每日1次,连用7天。第1天输血100 mL,第5天后食欲逐渐恢复,白细胞、红细胞、血红蛋白含量指标逐渐升高。

◎ 病例解析

犬吉氏巴贝斯虫病潜伏期较长,病程较长;而犬细小病毒病发病急,病程较短,一般7天左右。当犬细小病毒与巴贝斯混合感染时,应当以治疗细小病毒病为主,辅以治疗巴贝斯虫病,因此杀巴贝斯虫药物(二丙酸咪唑苯脲注射液)选用在治疗后的第8天,即细小病毒病恢复期。由于二丙酸咪唑苯脲注射液具有一定肝毒性,不能连续大量使用,所以选择在治疗后的第 20 天再次注射,以巩固治疗。当犬有一定食欲时(治疗后第 5 天)便开始喂食,以尽早恢复其消化功能,为机体提供营养,增强免疫力。由于犬吉氏巴贝斯虫大量破坏红细胞,同时犬细小病毒引起胃肠道出血,导致患犬严重贫血,必须给该犬进行输血治疗以稳定其生命体征,同时辅以促红细胞生成素和右旋糖酐铁帮助改善贫血。由于犬吉氏巴贝斯虫大量破坏红细胞,容易导致肝脏和肾脏损伤,因此本病例中选用了保肝护肾药品如科特壮、奥普乐等,以帮助调节机体肝肾代谢,恢复肝肾功能,防止出现严重黄疸和血尿;考虑到该犬为幼龄犬,止血药用了维生素 K_3 和白眉蛇毒血凝酶,止血效果明显。目前为止还没有任何药物可以完全清除患犬体内的巴贝斯虫体,痊愈后的犬往往会成为病原体携带者,并获得一定的病原免疫,从而产生一定的免疫保护力,但在自身免疫力低下时易复发,因此应跟畜主沟通,定期复诊。

病例 34 一例犬冠状病毒病的诊断与治疗

◎ 基本信息和病史

金毛寻回犬,5 月龄,体重 28 kg,疫苗接种完全(卫佳伍),未驱虫,未绝育,主人刚从其他省带回来,在楼房饲养。2 天前开始食欲下降。就诊前一日有呕吐,腹泻 2 次。就诊当日早上粪便越来越稀,在医院排出番茄样稀便,且多次做出排便姿势。

◎ 临床检查

该犬体温 39.3 ℃,可视黏膜颜色(MMC)为粉红,体况评分(BCS)评分为 5;呼吸频率 28 次/min,毛细血管再充盈时间(CRT)为 1~2 s,脉搏质量良好,心率 80 次/min。

◎ 实验室检查

血常规检查结果显示白细胞数量增多。犬瘟热病毒(CDV)呈阴性,犬细小病毒(CPV)呈阴性,犬冠状病毒(CCV)呈阳性。

◎ 诊断结果

犬冠状病毒感染。

◎ 治疗和预后

第 1 天:皮下注射干扰素 1 000 IU,酚磺乙胺 2 mL,阿托品 0.8 mL 及庆大霉素 2 mL。

静脉滴注复方氯化钠 200 mL,维生素 C 2 mL,肌苷 2 mL,ATP 2 mL,辅酶 A 2 mL;静脉滴注 10% 葡萄糖注射液 100 mL,5% 葡萄糖酸钙 20 mL;静脉滴注 0.9% 氯化钠注射液 50 mL,奥美拉唑 1 mL;静脉滴注 0.9% 氯化钠注射液 100 mL,氨苄西林 0.5 mL。

第 2 天:皮下注射干扰素 1 000 IU,甲氧氯普胺 2 mL。

静脉滴注乳酸林格氏液 200 mL,维生素 C 2 mL,肌苷 2 mL,ATP 2 mL,辅酶 A 2 mL;静脉滴注 10% 葡萄糖注射液 100 mL,5% 葡萄糖酸钙 20 mL;静脉滴注 0.9% 氯化钠注射液 50 mL,奥美拉唑 1 mL;静脉滴注 0.9% 氯化钠注射液 100 mL,氨苄西林 0.5 mL;静脉滴注甲硝唑 100 mL。

第 3~5 天:皮下注射干扰素 1 000 IU,复合维生素 B 2 mL。

静脉滴注乳酸林格氏液 150 mL,维生素 C 2 mL,肌苷 2 mL,ATP 2 mL,辅酶 A 2 mL;静脉滴注 0.9% 氯化钠注射液 100 mL,氨苄西林 0.5 mL;静脉滴注甲硝唑 100 mL。

口服健脾丹 4 片。

◎ 病例解析

犬冠状病毒是临床上较为常见的传染病,幼龄动物最易感染,发病较急、病程短,发病时的主要表现为腹泻。此病例在 2 个月前已经免疫了卫佳伍,但卫佳伍不预防犬冠状病毒,因此临床上一定要根据免疫情况去做鉴别诊断。该犬输液 2 天后腹泻及呕吐减少,开始正常进食,此病例治疗 5 天就起到了非常好的效果。对于病毒性感染的疾病,临床症状得到控制后要开始进食,提高动物自身的免疫能力,有利于身体的恢复。

病例 35　一例泰迪犬子宫蓄脓的诊断与治疗

◎ 基本信息和病史

泰迪犬,雌性,13 岁,体重 4.9 kg,未绝育,无生育史,未交配,疫苗、驱虫不详。2019 年确诊糖尿病,1 个月后患白内障;2021 年 3 月患慢性肝炎;2021 年 10 月突发胰腺炎。

◎ 临床检查

该犬体温 38.3 ℃,初期尿液末端呈粉红色,阴户有米汤样淡白液体流出,后转为黄色脓液。

◎ 实验室检查

血常规结果显示,白细胞、中性粒细胞、淋巴细胞、单核细胞、嗜酸性粒细胞均显著增加,C 反应蛋白数值为 30.7,参考范围 0 ~ 10。该犬 C 反应蛋白升高,说明炎症水平较高;红细胞数目、红细胞比容、血红蛋白降低,说明该犬贫血。

生化检测结果显示,白蛋白、白球比、淀粉酶、脂肪酶、肌酐、钙降低,血气电解质中钙、镁、钾离子降低,是因为其最近进食较少;碱性磷酸酶、葡萄糖、总胆固醇、甘油三酯升高,说明该犬有可能存在肝脏疾病和糖尿病,但需要做进一步检查。

腹部 DR 正位片可见腹腔左右两侧存在中高密度占位性团块(图 1.41),侧位片可见腹部后方存在占位(图 1.42)。

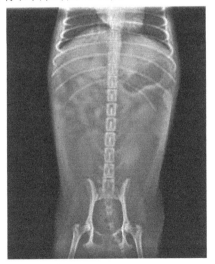

图 1.41　腹部 DR 正位片

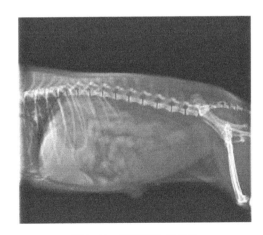

图 1.42　腹部 DR 侧位片

◎ 诊断结果

该犬为开放性子宫蓄脓。

◎ 治疗和预后

术前埋置留置针,术部剃毛消毒,距脐后两指腹中线开口 5~10 cm,根据疾病个体情况确定开口大小。切开皮肤,钝性分离皮下脂肪,沿腹中线切开,进行腹腔探查。小心地将膨大的子宫角取出于切口之外,分别将两侧的卵巢动静脉进行双重结扎后剪断,擦拭断端并消毒,分离子宫阔韧带,在子宫体部位进行双重结扎,将子宫体连同子宫一起摘除,擦拭子宫体断端的分泌物,并将断端的浆膜肌层进行包埋缝合后还纳回腹腔,常规闭合腹腔。

术后给药:静脉注射替硝唑 30 mL;静脉滴注 5% 葡萄糖注射液 20 mL ATP、辅酶 A、维生素 C 各 2 mL;静脉滴注 5% 葡萄糖注射液 30 mL,酚磺乙胺 0.5 mL;静脉滴注 0.9% 氯化钠注射液 20 mL,头孢喹肟 15 mg;静脉滴注 0.9% 氯化钠注射液 30 mL;静脉滴注血浆 30 mL;皮下注射阿米卡星 0.1 mL/kg,早晚各 1 次;皮下注射布托啡诺 0.1 mL/kg,每日 1 次。

◎ 病例解析

子宫蓄脓在 7 岁以上的母犬较为常见。此病例属于开放性子宫蓄脓,白细胞以及 CRP 升高说明该动物炎症水平较高,红细胞、红细胞比容、血红蛋白降低说明动物贫血,动物年龄较大,手术风险较高,因此术中麻醉监护要仔细。在此病例中葡萄糖升高,结合既往史,已确诊为糖尿病,碱性磷酸酶以及总胆固醇、甘油三酯轻微升高,结合既往史,诊断该动物有肝脏疾病,建议主人持续观察,定期做复查,出现黄疸、食欲下降的问题需要引起重视。

病例 36 一例雄性贵宾犬下泌尿道结石的诊治

◎ 基本信息和病史

贵宾犬,雄性,1.5 岁,体重 3.2 kg,去势。主诉该犬平时一直圈养在家,平日食物和饮水充足,供犬自己摄食,一般投喂狗粮,会不定时投喂一些主人自己吃的晚餐和水果,缺乏运动,不吃蔬菜。该犬发病初期精神状态良好,未出现任何异常表现,在接下来的一周时间里,频频做排尿姿势,未见尿液排出,主人不以为意,后来出现尿闭、弓背、鸣叫等现象。

◎ 临床检查

对于排尿不畅和不排尿的患犬应该先行导尿,既可以解决患犬的痛苦,还可以防止膀胱破裂引起患犬不必要的痛苦。将犬保定,在阴茎处用红霉素软膏做润滑后将导尿管从阴茎伸入,在尿道中端发现有硬物阻挡导尿管伸入,而且有摩擦感,后用大量生理盐水冲洗以扩张尿道,无效,导尿管未伸入膀胱,未见尿液排出。

◎ 实验室检查

根据超声像图谱显示,整个膀胱在超声圈上呈一个液性暗区,在液性暗区的左侧,有回声极强的结石块,结石回声较明亮而且细窄,呈带状,伴有明显声像,此结石由于边界缺失不能显示整个结石的轮廓。

X 线检查,采取侧卧位片和仰卧位片各一张,如图 1.43 和图 1.44 所示,显示出膀胱区和尿道有大小不一的高密度阴影。

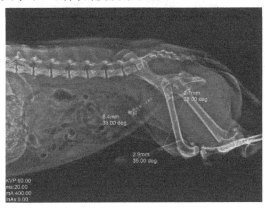

图 1.43　X 线侧位片

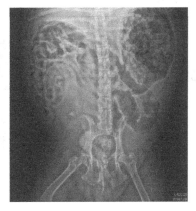

图 1.44　X 线正位片

◎ 诊断结果

该犬为下泌尿道结石。

◎ 治疗和预后

1. 尿道口改造术和膀胱切开取石术

在肛门处作荷包缝合,防止在手术过程中粪便污染伤口。在阴囊和包皮周围做椭圆形切开,除去包皮和阴囊,在分离尿道前做去势手术(图 1.45)。向背侧牵引阴茎,骨盆方向分离其他的周围组织,为了防止出血对分离组织的影响,应对阴囊周围的小血管结扎。游离阴茎和耻骨相连的组织。这种分离使阴茎易于向外牵引。确定新尿道口的位置,接着寻找阴茎缩肌,分离并切断,以使其与尿道充分暴露(图 1.46)。使用小号刀片切开尿道(图 1.47),取出结石,以确保结石取净,用导尿管沿新尿道开口伸入膀胱。在缝合时应该尽可能地减少皮下组织,最大可能地扩张尿道。使用手术剪向前扩大尿道至尿道球腺。手术结束后拆除肛门处的荷包缝合(图 1.48)。

图 1.45　阴囊内睾丸摘除

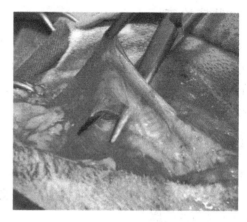

图 1.46　分离尿道

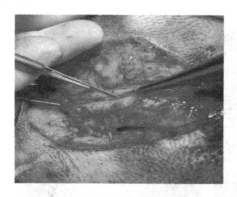

图 1.47　切开尿道

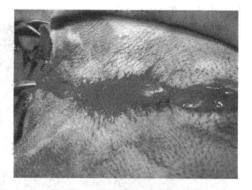

图 1.48　尿道与皮肤一起缝合

2. 术后给药

静脉滴注 5% 葡萄糖注射液 50 mL,维生素 C 2 mL,ATP 2 mL;静脉滴注 0.9% 氯化钠注射液 50 mL,地塞米松 0.3 mg,头孢吡肟 0.1 mg;静脉滴注 5% 葡萄糖注射液 50 mL,酚磺乙胺 2 mL;静脉滴注 0.9% 氯化钠注射液 50 mL,碳酸氢钠 0.5 g。其中,维生素 C 主要是增强白细胞的吞噬能力,提高机体的免疫功能和抗应激能力;ATP 为机体提供能量;地塞米松和头孢吡肟抗菌消炎;酚磺乙胺能使血小板数量增加,增强毛细血管抵抗力及降低其通透性作用;碳酸氢钠,防止代谢性酸中毒。每天3次用碘伏涂擦,对伤口消毒。术后禁食禁水8 h。

在用药后患犬尿液溢出,精神状态良好,能正常饮食。继续用药3天后伤口无化脓、无破裂,愈合良好,开始结痂,拆线后3个月追问无任何异常表现,检查无结石生成。

◎ **病例解析**

尿路结石是最常见的泌尿外科疾病之一。尿路结石在肾和膀胱内形成。上尿路结石与下尿路结石的形成机制、病因、结石成分和流行病学有显著差异。上尿路结石大多数为草酸钙结石。膀胱结石中磷酸镁铵结石较上尿路多见。成核作用、结石基质和晶体抑制物质学说是结石形成的三种最基本学说。根据上尿路结石形成机制的不同,有人将其分为与代谢因素有关的结石和感染性结石。细菌、感染产物及坏死组织亦为形成结石的核心。

病例 37 一例犬股骨颈骨折的诊治

◎ **基本信息和病史**

边境牧羊犬(犬舍的种用犬),1 岁,体重 15 kg。该犬玩耍打闹至高处坠落,后出现右后肢不能落地的情况,在他院诊断为骨裂或肌肉拉伤,治疗无效后转入本院。

◎ **临床检查**

该犬体温 38.2 ℃,呼吸频率 30 次/min,心率 95 次/min,体格正常。触诊时,局部肿胀明显,触诊右侧股部髋关节时敏感,听到明显的捻发音并伴有疼痛,运动患肢可听到骨摩擦音。患肢未见开放性损伤,初步诊断为股骨闭合性骨折。

◎ **实验室检查**

对患犬进行 X 线检查,检查结果如图 1.49 所示。股骨颈的骨折不需要特殊的 X 线检查,但也不能只做髋关节外侧位的检查。

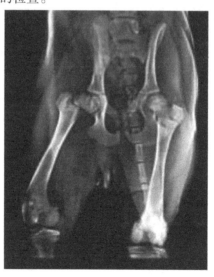

图 1.49 X 线检查结果

◎ **诊断结果**

股骨闭合性骨折。

◎ **治疗和预后**

根据骨折具体情况可以分为外固定、内固定两种。股骨颈的骨折采用外固定方式不能起到良好的救治作用,在临床上采用内固定方式较多,内固定时使用加压螺钉或者基尔希讷(式)针,如果是不可修复的粉碎性骨折,可选择进行全髋关节置换或者股骨颈切除。根据检查情况,对患犬进行内固定,即临床手术。

术前准备:股骨颈骨折多发于外伤,术前需要对犬进行全细胞计数和血清生化分析,评估手术麻醉的风险;对患犬进行骨骼检查,判断能否手术;做好血液储存以防大出血的情况。准备外科手术常用器械、吸入麻醉机、止血钳、持针钳、缝线、缝针、髓内针、接骨板、骨螺钉、骨钳、骨凿、骨膜分离器、拉钩等。

患犬术前8~12 h禁食,2 h限饮。患犬补液,阿托品皮下注射,麻醉前给药,吸入麻醉。

手术过程:患犬左侧卧保定,患肢在上,呈游离状态,将其他三肢分别固定。在右侧臀部、股部至膝部剃毛,用碘酊消毒。待数分钟后用75%酒精脱碘,铺设隔离创巾,暴露股骨。在大腿外侧,沿大转子向股骨外侧髁方向,即股骨外轮廓的弯曲和股二头肌前缘切开皮肤及皮下组织,然后切开股部肌肉筋膜,并沿股二头肌前缘扩大切口,钝性分离股外侧直肌和股二头肌之间的股沟,用拉钩把股二头肌向后拉,同时将股外侧直肌向前拉,以充分暴露股骨。

整复。将创面清理干净,清除血凝块和细小骨碎片。用持骨钳钳夹骨折两断端,将骨折错位断端恢复到正常解剖位置。

内固定。用骨钻将髓内针从近端骨骨折处逆行插入,至大转子的顶端内侧后,用手术刀在髓内针穿出皮肤部位做一小切口,使髓内针露出一端,再将近端骨与远端骨整复在一条直线上,然后将髓内针顺行插入远端骨,使针尖一直到达远端骨骨松质内。再将四孔接骨板固定在骨折部位,确定骨螺钉的位置,然后用骨钻在两端相应位置分别钻两孔,再拧紧骨螺钉。

闭合伤口。用生理盐水冲洗创腔,确保没有出血、血凝块和骨髓片后,再将股二头肌前缘与股外侧直肌的后缘缝合,包埋接骨板。常规缝合筋膜、皮下组织和皮肤。

术后护理:由于股骨颈骨折手术出血量大,且伤口处于活动关节处易出血,因而用药时一定要加入止血药物。术后用药基本原则是抗菌消炎、止血镇痛等对症治疗。在食物的选择上不用特别注意,可以根据犬的爱好选择,一般是用皇家品牌的利于犬骨骼愈合的狗粮,还可以选择高纤维素、高蛋白、高能量,能利于犬骨骼愈合的食物。

喜欢奔跑是犬的天性,因而在术后3天内要将犬的活动限制在犬笼中,避免过度使用患肢。由于股骨颈骨折的手术伤口位置特殊,所以必须保定好犬的患肢,避免固定不好而发生第2次股骨错位,影响愈合效果。不仅如此,犬还喜欢舔咬伤口,因而在术后必须给犬佩戴伊丽莎白圈,直到拆线为止,以防感染。大概在术后1周后,犬的骨骼机能会基本恢复,其间可以让犬在小范围内走动,并且合理运用患肢,切记不能让其跳跃。术后2周后,伤口愈合良好,拆线并做1次X射线检查,观察股骨愈合情况,判断其是否有移位,结果该犬各项指标正常准予出院。之后的6个月内,应定时到医院复查骨骼愈合情况。

◎ 病例解析

股骨颈骨折相对来说是一种比较特殊的骨折,其手术难度也比较大。在手术时应选择适合的材料,防止因材料不合适影响局部循环,造成股骨颈延迟愈合或不愈合,或因为材料的质量不好造成术后断裂,影响手术效果。此外,固定材料植入的多少要根据骨折断面的程度来决定,过多或过少植入固定材料都会导致手术失败。术后应定期进行检查,查看股骨颈骨折处骨的生长及骨折断端的对合状态,如果愈合情况不好,要及时对治疗方案进行调整。犬在骨折后的4~6周内要限制活动,不可进行较大强度的活动,轻松的活动可以使患肢功能得到锻炼,避免肌肉萎缩,促进恢复。

幼犬的骨骼生长发育快,但骨骼生成不稳定,是股骨颈骨折易发生的时期。在此期间,只要对幼犬进行补钙,控制幼犬的剧烈运动,股骨颈骨折是能够有效预防的。成年犬的骨骼基本发育完全,一般情况不会出现股骨颈骨折,但是在某些斗犬或猎犬中还是较易发生,其运动量过大,肌肉长期强烈收缩,若得不到适当的调节就会出现股骨颈骨折的情况。对于此种犬,应给予特殊的护理,不宜长时间进行高强度运动;当其过强运动后,应做适当的放松,可利用拍打股部肌肉的方式进行。老年犬的骨质比较疏松,多易出现病理性的股骨颈骨折,利用补钙的方式就能起到良好的预防作用。防大于治,在犬股骨颈骨折此类疾病中,只要做好预防措施,对犬进行严格的管理,可以降低犬此类疾病的发生率,也可避免犬遭受不必要的痛苦。

病例 38 一例犬慢性肾炎误诊病例

◎ 基本信息和病史

杂交京巴犬,雄性,4 岁,体重 7.5 kg。主诉该犬近期出现尿频,尿量增多,饮欲增加,食欲减退,右前肢跛行明显后波及四肢,不愿站立和行走。初诊医生检查患犬状态后,建议进行 X 线、血常规、尿常规、血液肾功能等检查。由于检查费用较高,患犬主人经济难以承受,故要求凭经验进行处置,初诊医生根据患犬症状初步诊断为神经炎,并做以下处置:将 40 mg 盐酸普鲁卡因用生理盐水稀释后进行四肢穴位注射,皮下注射凯布林 2 mg/kg,氨苄西林钠 40 mg/kg。连续用药 3 天后病情好转。而后 7 天,此犬症状再次出现并有加重迹象,腹部略有肿胀,仅能吃少量食物,排尿量也增多,全身肌肉出现间歇性震颤。带犬转诊到其他多家医院,先后被诊断为犬瘟后遗症、关节炎等,前后治疗共计 20 余天,效果不佳,故转院治疗。

◎ 临床检查

该犬体温 39.5 ℃,鼻镜干燥,腹下皮肤水肿,四肢末梢水肿,关节疼痛不明显,两侧肾区触诊,痛感明显。

◎ 实验室检查

血常规检查结果显示白细胞总数升高,中性粒细胞总数升高,其他项目未见明显异常。

尿常规检查结果显示尿蛋白阳性(3+)≥3.0 g/L,尿沉渣检测可见颗粒管型,白细胞和少血常规量红细胞。

血清生化检查结果显示肌酐升高,白蛋白降低。

X 线检查无尿路或肾脏结石。

◎ 诊断结果

慢性肾炎。

◎ 治疗和预后

抗菌消炎:静脉滴注 0.9% 氯化钠注射液 120 mL,头孢曲松钠 0.5 g;静脉滴注替硝唑 50 mL。补充血容量,防止酸中毒:静脉滴注 50% 葡萄糖注射液 25 mL,碳酸氢钠注射液 10 mL。补充能量:肌苷 2 mL,维生素 C 1 g,ATP 2 mL,辅酶 A 100 IU,分别混合于 20 mL 5% 葡萄糖注射液中,分组静脉滴注。免疫调节:肌内注射白细胞干扰素 20 IU。

治疗后前 2 天该犬无食欲、精神差,而后精神好转,体温恢复正常,有食欲并逐渐增强,加喂处方罐头。1 周后追访,该犬精神、食欲、排便、排尿已经正常。

◎ 病例解析

神经炎是指神经或神经群发炎衰退或变质,其症状随病因而有所不同,一般症状是疼痛、触痛、刺痛,受感染的神经痒痛和丧失知觉感染部分红肿以及严重的痉挛。该患犬虽然有全身肌肉出现间歇性震颤、跛行等症状,但实验室检查一般不会出现血常规、生化和尿检等方面的异常,故应予以排除。

犬瘟后遗症确有很多种类,其中包括神经症状,但该犬从未出现犬瘟史,临床一般认为3岁以上犬只不易感染犬瘟热病毒,并且即便感染后也多呈隐性经过,不会表现特别明显的临床症状,该患犬经试纸测试后呈阴性结果,故应予以排除。

关节炎泛指发生在关节及其周围组织的炎性疾病,可分为数十种。临床表现为关节的红、肿、热、痛、功能障碍及关节畸形,严重者导致关节残疾、影响正常生活。该患犬触诊关节部位未见明显疼痛而抗拒,X线检查也未见关节内有任何异常(关节囊积液、关节腔缩小等),故应予以排除。犬慢性肾炎发病原因复杂,临床症状多样,其并发症也较多,比如消化机能障碍、间歇性呕吐和腹泻、跛行、肺水肿、体腔积水、慢性氮质潴留性尿毒症等,使兽医师很难准确把握,较易出现误诊。导致本病例误诊的原因主要是宠物主人受经济条件限制,不能详细、全面地对患犬进行检查。初诊医生仅对患犬进行简单的用药治疗。用药后病情好转是由于氨苄西林钠对炎症的抑制作用,停药后病情又继续发展,从而导致停药后病情加重。兽医师在临床工作中,不能仅凭经验对患宠进行诊断因为其他药物中含有的抗生素、消毒杀菌剂等会直接杀死或抑制微生物活菌,削弱生物制剂的效果。

2 猫病篇

病例1 一例猫下泌尿道综合征的诊治

◎ 基本信息和病史

中华田园猫,8月龄,体重3.5 kg,已去势,定期进行体内外驱,疫苗已免疫。4天前发现该猫久蹲猫砂盆,尿少但次数多,食欲下降,2天前发现该猫尿带有血且精神不好,其间没有换过猫粮,周围环境也没有发生改变。

◎ 临床检查

该猫体温39.4 ℃,呼吸频率34次/min,心率149次/min,腹围增大,精神沉郁,触诊膀胱充盈且猫敏感闪躲。

◎ 实验室检查

血常规检查结果显示白细胞总数以及中性粒细胞数量显著升高。生化检查结果显示肌酐、尿素氮含量大大升高,猫血清淀粉样蛋白含量升高。上述结果表明患猫存在泌尿系统疾病及感染。

尿沉渣检查发现有鸟粪石结晶(图2.1)。

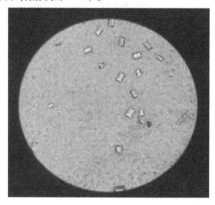

图2.1 尿沉渣检查结果

◎ 诊断结果

猫下泌尿道结晶。

◎ 治疗和预后

导尿:将患猫麻醉后仰卧保定,在导尿管前端涂抹红霉素软膏,包皮后翻后将导尿管轻轻插入尿道内,当遇到阻碍后,用20 mL注射器将生理盐水注入导尿管,进行反复多次冲洗,直至冲开阻塞。当尿道疏通后,再次使用生理盐水进行多次冲洗。采用结节缝合的方法将导尿管与包皮缝合固定。佩戴伊丽莎白圈,在导尿管下端连接一个尿袋,观察患猫排尿情况。

药物治疗:静脉滴注 0.9% 氯化钠注射液 20 mL,ATP、维生素 C、维生素 B_6、肌酐各 1 mL;静脉滴注 0.9% 氯化钠注射液 30 mL,氨苄西林 100 mg;静脉滴注 0.9% 氯化钠注射液 30 mL,科特壮 0.5 mL;静脉滴注 0.9% 氯化钠注射液 30 mL,酚磺乙胺 2 mL;静脉滴注乳酸林格氏液 30 mL,卡巴克洛 1 mL,恩诺沙星 0.35 mL,布托啡诺 0.07 mL。益石丹、泌尿舒各 1 粒口服。

术后第 4 天拆除导尿管后患猫已能自行排尿,但尿液中带有少量的血呈淡粉色。第 5 天再次做血常规检查和生化检查,各项指标都已回到正常值。第 6 天尿液正常。猫出院后还需开 5 天的益石丹、泌尿舒和阿莫西林克拉维酸钾片用于巩固,各 5 粒,1 粒/天。

◎ 病例解析

猫下泌尿道综合征是猫的一种临床常见病,主要是由于膀胱和尿道结晶、结石和栓塞等刺激,引起膀胱炎和尿道炎等,从而导致患猫出现排尿困难、尿频、尿痛、尿血、排尿行为异常等症状。如果长时间不进行治疗,可能会引起高钾血症、脱水、急性肾功能衰竭等后果。该病例经过导尿以及输液治疗后效果显著,为预防该病,生活中应注意观察猫的排便以及饮水等。

病例 2　一例猫结肠炎的诊治

◎ 基本信息和病史

美国短毛猫,雌性,1 岁 1 个月,体重 4.2 kg,疫苗已打,已按时驱虫,无外出。该猫 1 ~ 2 天有些腹泻,没有换粮,精神食欲不怎么好。无其他病史。

◎ 临床检查

该猫精神沉郁,食欲不振,体温 39.6 ℃,呼吸频率 35 次/min,心率 133 次/min,触诊腹部有痛感,检查肛门,发现粪便为稀糊状并有黏液,粪便带腥臭气味。

◎ 实验室检查

粪便常规检测未见寄生虫虫卵。血常规指标均在正常范围,但白细胞数值偏高,血清淀粉样蛋白 A(SAA)小于 5。

◎ 诊断结果

结肠炎。

◎ 治疗和预后

口服硕腾速诺阿莫西林克拉维酸钾片 50 mg/片,1 片,爱迪森达丽健白陶土 2 g/天,麦德氏 IN-KAT 猫用双专利益生菌 2 g/袋,每天 3 次,每次 1 袋,嘱咐主人带回家多注意猫状态。

◎ 病例解析

结肠炎是结肠的炎症性疾病,经常引起犬猫的急性和慢性腹泻。猫结肠炎的特征是结肠壁有淋巴细胞、浆细胞、嗜酸性粒细胞和嗜中性粒细胞可变性浸润,所属淋巴结受侵,有全身并发症,见于应激、环境气温剧变、饮食更换、病原菌及寄生虫感染等。所有年龄的犬猫均可发病。需要根据粪便分离培养和药敏试验选择有效的药物,尤其是抗生素类药物。对患猫进行初步检查的方法包括病史调查和体检以及直肠触诊、粪便检查。治疗方面应鉴别和清除致病因素。患有急性结肠炎的动物,应禁食 24 ~ 48 h,以便使肠道得到缓解。

病例 3　一例猫急性肾功能衰竭的诊治

◎ 基本信息和病史

中华田园猫,雄性,2 岁,体重 4.65 kg,未绝育,疫苗已打,已驱虫。2020 年 7 月 19 日,该猫开始精神不振,未饮食饮水,大便正常,未见小便,20 日精神状态比前一日差,未饮食饮水,对罐头猫条等零食没有食欲,大便未见,频繁去猫砂盆排不出小便,会发出惨叫,21 日上午仍然精神不振,未饮食饮水,大便呈水样。

◎ 临床检查

该猫精神状态沉郁,鼻头发干不湿润,体温 38.8 ℃,呼吸频率 36 次/min,心率 114 次/min,皮肤触诊弹拉皮肤无迅速回弹,轻微脱水,按压膀胱患猫有明显疼痛反应,膀胱肿胀明显。

◎ 实验室检查

血常规检查结果显示,白细胞(WBC)上升,提示自身机体炎症反应;红细胞数目(RBC)与红细胞比容(HCT)的上升是因几天未饮食饮水而导致的机体脱水症状;血红蛋白(HGB)、平均红细胞血红蛋白浓度(MCHC)、平均红细胞大小(MCV)、平均红细胞血红蛋白含量(MCH)的下降是因机体造血功能受到影响导致的贫血现象。

血清淀粉样蛋白结果值偏高的原因有细菌感染、真菌感染、病毒感染等,结合患猫的症状可能是因为尿闭导致了自身膀胱炎的发作。

生化检测结果显示钠离子下降,导致患猫钠排出增多,肾脏出现炎症,肾小管严重受损,出现腹泻与脱水;钾离子下降,导致患猫自身机体严重的营养不足与肾脏功能的衰竭现象;碱与二氧化碳总量的下降,原因是患猫的膀胱积满尿液使肾脏功能无法正常运行导致代谢性的酸中毒。患猫血糖、尿素氮、磷离子显著升高,提示肾脏功能不全。

B 超诊断结果显示,患猫膀胱有结晶尿闭状况的发生,膀胱有炎症反应,大量的血凝块淤积在膀胱处,肾功能出现急性衰竭并有代谢性酸中毒的状况,机体大量脱水,营养不良(图 2.2)。

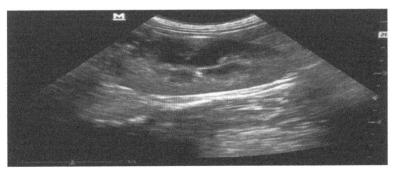

图 2.2　B 超检查结果

◎ **诊断结果**

急性肾功能衰竭。

◎ **治疗和预后**

1. 导尿

动物侧卧保定,抓住尾巴使之转向背侧,猫会阴部应剃毛以保证无菌。清洁双手戴灭菌乳胶检查手套。一手食指和拇指放在包皮两侧,拇指和食指顺着颅侧方向施压包皮将阴茎、龟头显露,挤出的龟头应足够长。在阴茎龟头处涂抹利多卡因凝胶。导尿管末端涂抗生素软膏。固定好阴茎龟头并将导尿管轻缓插入膀胱,当导尿管经过坐骨弓插入膀胱时,将阴茎向尾侧水平拉直,易于插入。有尿液溢出后松开阴茎,使其退回缩入包皮内。当确定导尿管进入膀胱而无尿液排出时,试着用注射器从导尿管抽取尿液,或前后移动导尿管,直到有尿液流出。留置导尿管,通过缝合阴茎包皮的皮肤固定导管。待后期血常规和生化指标趋于正常时拔出导尿管。待尿液全部流出后,将导尿管缓慢拔出,同时使用注射器从底部推入少量无菌生理盐水,直至导尿管全部拔出。

2. 药物治疗

静脉输注0.9%氯化钠注射液20 mL,头孢曲松钠0.25 g,乳酸林格氏液30 mL,5%葡萄糖注射液20 mL,布托啡诺1 mL,氯化钾注射液0.2 mL,甲硝唑氯化钠注射液35 mL。皮下注射复合维生素1 mL,科特壮1 mL。口服1片速诺50 mg/片,碱式碳酸铋1/2片,肾透1次。

◎ **病例解析**

猫急性肾功能衰竭,简称急性肾衰,也称急性肾功能不全,是指在致病因素作用下,肾实质组织发生急性损害,致使肾功能受到抑制,产生以少尿或无尿及急性尿毒症为特征的临床综合征。而公猫的尿道细长,阴茎后部和尿道球腺部狭窄,在临床实践中公猫尿路阻塞引起的急性肾功能衰竭比较常见。在大多数情况下经过有效及时的救治和护理,患猫受损的肾脏可以经过代偿恢复肾功能,进而使猫急性肾功能衰竭得到缓解。该病的治疗原则是抓紧治疗原发病,积极防止脱水和休克,纠正酸中毒,减缓氮血症。

病例 4 一例猫急性乳腺炎继发乳房穿透化脓创的诊治

◎ 基本信息和病史

三花猫,雌性,1岁,体重2.8 kg,已免疫产仔1个多月,半个月前乳头出现肿胀,宠主未引起重视,持续让母猫给小猫哺乳。随后发现母猫皮肤出现化脓性溃烂。

◎ 临床检查

该猫精神一般,食欲降低,饮欲正常,体温40 ℃,脉搏135次/min,呼吸频率22次/min。体型略消瘦,多个乳头肿大,并在一乳头区出现两个不规则的穿透性化脓创,创口处流出黄白色脓汁,触诊疼痛发热,挤压周围乳房流出淡黄色絮状脓性乳汁(图2.3、图2.4)。

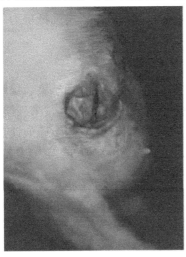 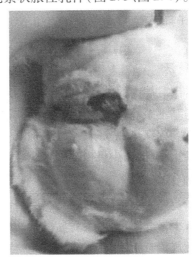

图 2.3 患猫乳腺红肿 　　　　图 2.4 乳房穿透性化脓创

◎ 实验室检查

血常规检查结果显示白细胞升高,感染严重,有全身菌血症倾向。挤出乳汁涂片固定,革兰氏染色后显微镜检查,在油镜下观察到大量葡萄串状的蓝紫色球菌,为革兰氏阳性菌,无芽孢及荚膜,判定为葡萄球菌感染。

◎ 诊断结果

初步诊断为因乳腺炎引发的皮肤创伤感染并伴有全身性炎症反应。

◎ 治疗和预后

因患猫创口过大,已经无法自愈,应采取手术切除创伤处乳腺及缝合,但患猫全身炎症反应严重,不宜立即手术缝合,所以先以抗菌消炎、镇痛为治疗原则。

1. 伤口处理

由于患猫疼痛感明显,清理伤口之前 15 min 按 0.1 mL/kg 肌内注射痛立定镇痛,并使用 0.5% 利多卡因 5 mL 和青霉素 45 mg 局部封闭。待轻微针扎伤口,患猫没有疼痛反应后,再行处理。伤口先用 0.9% 氯化钠注射液进行创面清洗,再用双氧水消毒,并清理坏死组织。伤口清理结束后,外喷德玛喷雾(成分:麝香草提取液)活血生肌及可鲁凝胶(成分:复合溶葡萄球菌酶)抗菌,防止创面感染,每日换药 1 次。为防患猫舔舐,给予伊丽莎白圈。

2. 抗菌消炎

由于感染严重,考虑给予静脉注射全身抗生素治疗。静脉注射 40 mg/kg 头孢曲松钠,间隔 8 h 1 次,每天 2 次。静脉注射抗炎因子 3 mL,消除炎症和修复创面。静脉注射 10 mg/kg 甲硝唑,间隔 12 h 1 次。每日皮下注射 0.1 mL/kg 痛立定镇痛消炎。

3. 抑制泌乳

静脉给予拜乐他维(复合维生素 B 溶液)0.5 mL/kg,促进食欲,增强抵抗力,同时降低泌乳能力。

4. 物理疗法

挤乳:排出乳腺内的乳汁,间隔 8 h 1 次,减轻乳房压力及防止细菌感染。按摩:沿着乳腺走向,从乳房基部至乳头处多点画圈式轻柔按摩,每天 2 次。冷热敷疗法:未破溃处乳腺前期进行冷敷,待乳腺红热现象减缓后(一般 2 ~ 3 天),局部使用 10% ~20% 硫酸镁热敷。隔离:隔离幼猫,禁止哺乳,减少机械性损伤及乳汁生成。

5. 手术治疗

术前检查:经 3 天静脉给药后,患猫精神好转,食欲恢复,体温降至 38.5 ℃。乳腺疼痛降低,破溃处有少量分泌物,但未有脓汁渗出,伤口开始内缩。经血常规检测,白细胞数目较之前降低,血常规检查指标趋于正常,生化检查指标正常,决定采取手术缝合伤口。

术前准备:禁食 12 h,禁水 6 h,皮下注射奥普乐 0.2 mL/kg,阿托品 0.02 mg/kg。15 min 后,静脉推注丙泊酚 0.6 mL/kg,并给予呼吸麻醉。

手术过程:患猫仰卧保定,预估切除皮肤组织及切除后缝合情况。患猫皮肤游离性高,以乳头为中心,距离 1 cm 定为切除线,钝性剥离皮瓣及软组织,做一梭形切口。待皮肤全剥离成功后,分离结扎乳腺下方血管,切除患处乳腺。确定止血后,将原破溃处伤口修剪齐整,形成新鲜创,结节缝合皮肤,碘酊消毒。

由于患猫前期炎症严重,为防止术后再次感染恶化现象存在,采用静脉方式给予 3 天抗菌消炎。外部每日碘酊消毒,给予伊丽莎白圈,防止啃咬。7 天后伤口恢复良好,实施拆线。

◎ 病例解析

母猫在哺乳过程中若患乳腺炎,一定要将幼猫隔离,禁止哺乳。一方面是炎症产生,乳房处血管通透性增高,炎症因子增多,幼猫吸吮中痛感会更显著,增加炎症;而幼猫唾液中的细菌易通过乳腺血管进入患猫全身,增加感染风险。另一方面是多次吸吮,会增加母猫催乳素分泌,增加泌乳能力,从而血管通透性提高,乳房压力大,加重乳腺负担。此外,幼猫吸入感染乳汁,也会导致幼猫出现腹泻,甚至死亡。对患有乳腺炎的母猫给予按摩及冷热敷疗法,有显著功效。在每次挤乳前 20 min,对乳房热敷并按摩,乳汁更容易排出,减轻挤乳的疼痛感。乳腺按摩,切忌盲目乱按,应循着乳腺走向进行从上至下朝一个方向轻揉,促进血液循环,改善乳腺堵塞肿大现象。为防止母猫哺乳期患乳腺炎疾病,应保持其生存环境、用具和自身的卫生,产前一周剔除母猫乳房周围的毛发,定期消毒。按时修剪幼猫的爪子,随时注意母猫哺乳情况,避免幼猫咬伤抓伤母猫乳房。清除母猫生存环境中容易接触到的尖锐粗糙物品,避免猫乳房皮肤创伤。

病例5　一例猫传染性腹膜炎的诊治

◎ 基本信息和病史

英国短毛猫,雄性,6个月,未绝育,已驱虫,疫苗程序未齐全。几天前发现精神不好,食欲一般,就诊前一天开始不吃零食,早上开始不吃猫粮,常呈母鸡蹲姿势,嗜睡不爱动,腹部增大明显。

◎ 临床检查

该猫体重1.49 kg,体温38.6 ℃,脉搏145次/min,呼吸频率23次/min,腹部膨隆,精神萎靡,消瘦,口腔未见明显异常,排除因口腔疾病导致的不食问题。触诊腹部柔软,无明显硬块,肝肾区疼痛反射不强,需进一步根据血液学检查的指标排除肝肾类疾病,腹式呼吸,皮肤及可视黏膜有黄疸表现。

◎ 实验室检查

血常规检查结果显示,患猫中性粒细胞数目和中性粒细胞百分比升高,淋巴细胞百分比和单核细胞百分比降低,提示有感染可能;红细胞数目、红细胞比容以及血红蛋白下降提示为缺铁性贫血,分析原因可能是不食和感染所致。

生化检查结果显示,总胆红素(TBIL)和天门冬氨酸氨基转移酶(AST)数值升高,表明肝脏功能受到一定程度的损害;肌酐(CREA)下降明显,尿酐比显著升高,表明肾脏排泄功能有所下降;白蛋白(ALB)在肝脏中产生,当肝脏受损时,白蛋白会发生相应程度的下降,球蛋白(GLB)参与机体免疫,当体内发生病毒感染时,会激活免疫系统使球蛋白数量增加,此时白蛋白和球蛋白的比值倒置,白球比A/G=0.22,即远远小于0.6,高度怀疑为猫传染性腹膜炎病毒感染,进一步做RT-PCR实验鉴别。

根据X线检查结果如图2.5、图2.6所示。X线检查结果显示,患猫腹部内脏器官轮廓不清晰,隐约可见膀胱,肝肾区域浆膜细节模糊,胃肠道呈现均匀灰影,提示胃肠内存在气体的情况,可能是由于患猫不食引起胃肠内有一定程度积气,腹腔及肺前叶胸腔有广泛性密度增高影。结合临床检查触诊腹部柔软无明显硬块和疼痛反应,认为患猫腹腔以及胸腔内存在积液,怀疑该猫患有猫传染性腹膜炎,进行腹腔穿刺抽取积液样本做荧光RT-PCR实验鉴定病毒。

腹腔穿刺操作步骤:准备套管针,猫横卧保定,选择腹部中线,脐与耻骨前缘的中点处作为穿刺点,剪毛消毒,稍微移动一下皮肤,套管针垂直刺入腹腔内,见有液体流出取出针芯,采集腹水样本。抽取出的液体呈黄色黏稠状,静置一段时间后发生凝固。

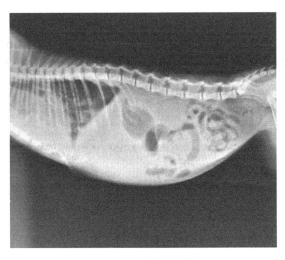

图2.5 X线侧位片

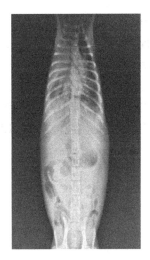

图2.6 X线正位片

用采集到的患猫腹水样本,做荧光 RT-PCR 检测,结果可见该样本呈现典型 S 形曲线,CT 值为 22.14<30,判定猫传染性腹膜炎病毒为阳性。

◎ **诊断结果**

猫传染性腹膜炎。

◎ **治疗和预后**

考虑到猫腹水本身为炎性病理产物,使用规格为 1 g 的头孢曲松钠 100 mg 静脉注射消炎;血常规检查结果提示肝脏受损,取规格为 5 mL 的保肝硫辛酸注射液 0.16 mL 皮下注射、呋塞米利尿 0.2 mL/次皮下注射,每天 2 次,辅助制止渗出,6 天后结束输液。另外,在此期间使用核苷类似物 GS-441524 口服制剂传腹康,按照 2 kg/粒给药,每天 1 次,连续 12 周。

用药后每周复查 1 次,连续 3~4 次状态稳定后,改为每两周复查 1 次,状态良好后改为每月复查 1 次,至少持续到 8 个月结束。

在治疗过程中注意猫体重的变化,定期称重,后续症状改善调整为每月称重 1 次。该猫的体重从刚就诊的 1.49 kg 增长为 3.46 kg,精神和食欲恢复显著,腹部明显缩小,稍有紧实感。

血常规检查炎症反应得到改善,白细胞数目、中性粒细胞以及淋巴细胞恢复至正常水平,其间血红蛋白和红细胞比容有所升高,但总体在往好的方向转归,住院观察 10 天后各项指标基本稳定,两周后复查血常规未见明显异常。

生化检查结果显示白球比 A/G 从 0.22 升高至 0.76,白蛋白(ALB)回到正常水平。总蛋白(TP)、总胆红素(TBIL)和天门冬氨酸氨基转移酶(AST)恢复正常值,表示肝脏功能恢复正常,肌酐(CREA)恢复正常,钙(Ca)指标有所下降,磷(PHOS)伴有轻度升高,尿酐比恢复正常。

◎ **病例解析**

猫传染性腹膜炎(FIP)是由猫冠状病毒感染引起的一种慢性、渐进性、致死性传染病,根据其临床表现不同,分为湿性、干性以及混合性 3 种类型。猫传染性腹膜炎目前尚无有效疫苗,死亡率达95%以上。GC376 能够治愈所有实验性感染的猫和治愈 7/21 只自然发生的湿性和干性 FIP 患猫,但对有眼部或神经系统症状的猫的疗效较低。第 2 种是 GS-441524,即药物前体瑞德西韦。GS-441524 是一种腺嘌呤核苷酸类似物,通过在发育中的病毒 RNA 中插入一个无义腺嘌呤来阻止猫传染性腹膜炎病毒(FIPV)的复制。GS-441524 可治愈 25/31 只患有自然发生的湿性和干性 FIP 患猫,在较高剂量下,它对多只出现眼部和神经性 FIP 的猫也似乎有效,目前是出现神经性 FIP 猫的首选药物。

病例6 一例猫肠道阻塞的诊治

◎ **基本信息和病史**

中华田园猫,主诉近几天频繁呕吐未排便,呕吐物中有毛线,精神沉郁,食欲不振,疫苗接种完全,无既往病史。

◎ **临床检查**

触诊腹部敏感,精神状态较差。

◎ **实验室检查**

传染病筛查及粪便检查未发现异常,钡餐造影发现肠道阻塞。

◎ **诊断结果**

初步诊断为肠道阻塞,经与宠物主人沟通后进行开腹探查。

◎ **治疗和预后**

手术治疗,打开腹腔后逐步探查肠道各部位找到异物位置,分段取出(图2.7、图2.8)。

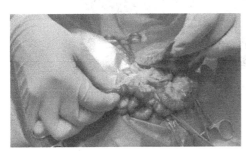
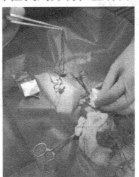

图2.7 阻塞肠管充血红肿　　　　　图2.8 切开肠管后发现大量毛线

术后未发生异常,手术结束后需禁食禁水3天,通过静脉输液消炎并维持营养,全程佩戴伊丽莎白圈,避免猫咪舔舐伤口造成缝合线脱落,伤口每日上药并观察恢复情况,以及大小便是否正常,留院观察一周无异常后出院。

◎ **病例解析**

该病在小动物多见,毛线的密度较小,DR检查或钡餐造影可能不宜观察,需结合病畜全身症状和临床经验判断。该病需注意与胃肠炎区分。开腹手术与胃镜相比开腹伤口大,恢复较慢,但由于肠管内毛线较长且粗糙,肠道在蠕动时因毛线摩擦力较大使得肠管皱缩,用胃镜拉扯会对肠道造成严重损伤,因此开腹手术更为稳妥。在护理时,应注意术后禁食禁水,随时关注动物的精神状态,记录排便情况。

病例7 一例公猫下泌尿道综合征的诊治

◎ 基本信息和病史

中华田园猫,雄性,10月龄,体重4 kg,在主人更换生活环境后突然无法排尿,频频努责,食欲减退,排便正常,精神沉郁。

◎ 临床检查

触诊膀胱肿大,腹痛,被毛粗乱,心率加快,到医院精神恍惚。

◎ 实验室检查

经过血常规检查、生化检查和血清淀粉样蛋白A(SAA)检查后发现,白细胞正常,SAA升高,预示炎症早期,生化检查基本正常。B超检查发现,膀胱充盈,膀胱壁增厚,疑似膀胱炎(图2.9)。抖动有大量结晶,尿管平滑肌痉挛,黏在一起,疑似病因。

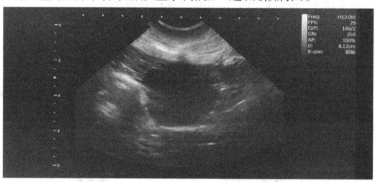

图2.9 B超结果

◎ 诊断结果

公猫下泌尿道综合征(由环境改变引起的应激反应)。

◎ 治疗和预后

即刻导尿:先静脉输入注射舒泰10 mg,丙泊酚3 mL(视情况而定),患猫完全麻醉后,插入合适的呼吸管,使其保持吸氧状态。右手小心按压公猫阴茎根部使其完全暴露后,向尿道口滴入适量利多卡因。用5 mL注射器头去掉钢针,接留置针软管(去掉金属针)。小心插入尿道口,由留置针软管朝尿道口推入些许利多卡因溶液,再推入少许尿石通,随后用压力将大量的温0.9%氯化钠注射液推入尿道内。如若发现尿道阻塞情况严重,导致留置针的塑料软管不能顺利推入,则可将长10 cm、直径0.2 mm的细钢丝对折,用弯曲的钢丝光滑的那端仔细将尿道内的泥沙状结晶和脱落的黏膜挑出。随后使用以上方法加压反复数次冲洗尿道,直到能将注射器中的0.9%氯化钠注射液顺利推入再抽出时便可停止。多次按压腹部,如若发现尿道此刻完全通顺,膀胱内被稀释后的尿液和少量结晶就能顺利从尿道喷出,接入尿袋后,手术结束。带导尿管输液。

术后用药:选择抗痉挛、消炎的药物作为口服用药(如抗痉挛片、尿石通等),加巴喷丁0.5颗,咪尿通、尿石通早晚1颗;配合给患猫静脉输注5%葡萄糖氯化钠溶液100 mL,能量合剂(维生素C注射液)3 mL;静脉滴注0.9%氯化钠注射液80 mL,头孢曲松钠100 mg;静脉滴注0.9%氯化钠注射液80 mL,卡络磺钠20 mL,甲硝唑20 mL;皮下注射美洛昔康0.4 mL,拜有利(恩诺沙星注射液)0.8 mL,加强患猫的代谢能力和抗菌消炎的作用。最好保持24 h不间断输液,随时冲洗尿道。

◎ 病例解析

此类疾病需要主人留心观察,在病程早期就及时发现,否则后期容易出现肾衰竭现象,预后不良。猫比较能忍痛,不太细心的主人很难发现,容易拖到后期。而接到病例后应该立即疏通尿道,排出膀胱里的尿液,优势在于即刻缓解患猫的症状,但缺点在于患有公猫下泌尿道综合征的猫大多数胆子很小,立刻手术容易引起再度应激,有致使膀胱破裂的可能。护理人员应随时注意患猫的排尿情况,是否再次堵塞,是否有排血尿的现象,避免堵塞导尿管,注意安抚患猫情绪,不让它处于激动害怕的环境中,安心养病。

病例8 一例公猫尿闭的诊治

◎ 基本信息和病史

蓝白猫,雄性,2岁,体重4.5 kg,未绝育,不喜饮水,这两天家里来了陌生人,发生应激,食欲下降,呕吐1次,起初尿血,两天后尿闭带来医院就诊。

◎ 临床检查

该猫体温37.2 ℃,精神萎靡,不吃不喝,不愿走动,眼结膜和牙龈泛白;嗅诊患猫身上有尿臊味;触诊患猫后腹部敏感,深入触诊膀胱坚硬如石。

◎ 实验室检查

血常规检查结果显示,白细胞升高,其他一切正常。生化检查结果显示,肌酐、尿素氮、肌酸激酶、葡萄糖升高。

B超结果显示,膀胱充满尿液(图2.10)。

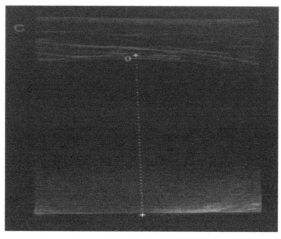

图2.10 B超检查结果

◎ 诊断结果

肌肉萎缩、脱水、肾损伤、胰岛素分泌缺乏。

◎ 治疗和预后

鉴于猫膀胱充盈,首先麻醉患猫,然后安置导尿管,随后住院治疗。用药如下:静脉滴注0.9%氯化钠注射液50 mL,注射用美罗培拉0.25 g;静脉滴注奥硝唑氯化钠注射液30 mL;静脉滴注0.9%氯化钠注射液40 mL,注射用奥美拉唑40 mg;静脉滴注乳酸钠林格氏液80 mL,注射用水溶维生素5 mL;静脉滴注美洛昔康注射液10 mL,布托啡诺注射液10 mL;皮下注射氨苄西林钠2 mL,痛立定0.45 mL,酚磺乙胺2 mL;口服肾倍健、溢泌乐各1粒,每天1次。以上处方对该猫使用4天后,尿袋里面已无鲜红血尿,尿液已变成健康颜色,猫咪也自主进食,精神恢复正常,能下地到处游走。

◎ **病例解析**

猫尿血、尿淋漓、食欲下降、精神下降要及时就医,此主人发现尿血后延误就医,从而从尿血演变成尿闭。尿闭的猫尿道如果有阻塞,会使导尿难度增大,从而需要医者反复冲洗尿道,冲至通畅,尿管才能安置成功。安置导尿管后需要每天冲洗膀胱,清洗导尿管。猫不愿采食尽量不要强饲,会让猫厌食。尿闭的猫脾气不好,接触的时候要小心翼翼。同时,应注意保温。

病例9 一例猫杯状病毒和疱疹病毒混合感染病例

◎ 基本信息和病史

蓝白猫,雌性,3月龄,体重2.8 kg,未接种疫苗,未驱虫。主诉刚带回家不久,最近两天发现该猫精神沉郁,厌食,打喷嚏,流鼻涕,眼部有分泌物,频繁流眼泪。

◎ 临床检查

该猫体温为39.8 ℃,呼吸频率25次/min,脉搏128次/min,流浆液性鼻涕,少量进食(食欲差),精神沉郁,嗜睡,眼内有浆液性分泌物,眼睛发红,打喷嚏,口腔有点状溃疡,发红。

◎ 实验室检查

血常规检查结果显示淋巴细胞轻度升高,白细胞轻微升高,提示有病毒性感染可能。

猫血清淀粉样蛋白A检测结果为79.68 mg/L,远远高于正常值,提示患猫体内存在明显炎症。

采取患猫眼、鼻、口分泌物,混入稀释液中,打入测试板检测,结果显示猫疱疹病毒(FHV)、猫杯状病毒(FCAV)呈阳性,提示有病毒感染。

◎ 诊断结果

该猫同时感染了杯状病毒和疱疹病毒。

◎ 治疗和预后

支持疗法,加强营养;抗病毒治疗:泛昔洛韦,1天1次,1次1片;口服中成药喵支宁1天1袋;局部眼部治疗:眼康和左氧氟沙星,两者间隔半小时滴,1天滴3次;皮下注射速诺0.2 mL,聚肌胞0.4 mL,双黄连0.6 mL,1天1次;雾化:5 mL生理盐水兑2 mL阿奇霉素,1天1次,百灵金方口腔喷剂,1天3~4次。

前3天,体温在39~40.2 ℃波动,食欲稍差,精神一般,静脉补液(纠正脱水,矫正离子及酸碱平衡),嗜睡,不活跃;第4天,食欲转好,体温已恢复正常,38~39 ℃,精神开始明显改善,稍活泼;第5天,眼分泌物减少,眼睛红肿消退,稍有喷嚏,口腔溃疡明显改善,溃疡变小,不再红肿;第7天,猫食欲、精神状态基本恢复,偶尔打喷嚏;病情稳定3天后到第10天,出院回家,主人对治疗效果表示满意,告诫主人注意保暖,加强营养,防止复发,过3天可以来进行疫苗注射。

◎ 病例解析

猫上呼吸道疾病通常在春秋两季多发,临床上常引发眼鼻浆液性、黏液性分泌物,导致呼吸困难。病毒感染后可通过已感染动物的呼吸道和分泌物传播,引起猫角膜炎、鼻窦炎等上呼吸道疾病。幼猫、流浪猫常感染猫杯状病毒,感染后呼吸不畅、角膜发炎,严重者往往死亡。本病例综合血常规检查、生化检查,发现患猫机体贫血、存在炎症反应,确诊为猫杯状病毒和疱疹病毒混合感染。应内服用药配合静脉输液、皮下注射,同时点眼滴鼻,保持患猫所处环境干净卫生,通风良好,并做好隔离措施,避免与其他动物发生交叉感染。

病例 10　一例猫阿迪森氏综合征的诊治

◎ 基本信息和病史

英国短毛猫,2 岁,雄性,体重 3.4 kg,2 月龄时从宠物店购回后在家饲养,免疫齐全,定期驱虫,平时喂食品牌猫粮,无不良投喂经历,除就诊外一直室内饲养,无出门长期活动的情况。在家已经 4 ~ 5 天都不吃东西,饮水量减少,逐渐消瘦,精神较差。排便减少、尿量变少。既往病史:1 个月前得过上呼吸道感染,打针吃药 1 周后恢复。再无其他病史。

◎ 临床检查

该猫体温 38.1 ℃,心率 170 次/min,呼吸频率 21 次/min,体况评分 3/9,精神沉郁,轻度脱水。听诊心肺呼吸音无明显异常,肠音弱。触诊浅淋巴结、腹部未见明显异常。

◎ 实验室检查

血常规检查结果显示,淋巴细胞绝对值轻度升高,其他指标未见异常。

生化检查结果显示,尿素氮、肌酐、磷轻度升高。

尿检结果显示,尿比重 1.035。尿沉渣与尿试纸未见明显异常。

血气检查结果显示,经过 3 天纠正离子紊乱的治疗,发现低血钠、高血钾、低血氯的情况有轻微变化,但总体上没有太大改善,猫的临床症状并未得到缓解。

DR 胸片可见后腔静脉狭窄,肺部纹理清晰,腹部未见明显异常。

根据 ACTH 刺激实验结果患猫被确诊为阿迪森氏综合征。

◎ 诊断结果

该猫确诊为阿迪森氏综合征。

◎ 治疗和预后

确诊后,皮下注射泼尼松龙 0.2 mg/(kg・天);口服醋酸氟氢可的松,每天 0.1 mg;静脉滴注乳酸林格氏液 30 mL,维生素 C 1mL,科特壮 0.5 mL。经过治疗,猫的精神和食欲开始恢复。动物的离子紊乱以及轻度代谢性酸中毒得到纠正,精神状态好转。3 个月后回访,主诉动物基本恢复正常。

◎ 病例解析

猫的阿迪森氏综合征即为肾上腺皮质功能减退,原发性肾上腺皮质功能减退最常见,主要引起盐皮质激素与糖皮质激素分泌不足,通常均为特发性。醛固酮具有促进远端肾小球重吸收 Na^+、排泌 K^+ 及排泌 H^+ 的作用。无论是原发性低醛固酮血症,还是继发性低醛固酮血症,均可导致远端肾小管分泌 H^+ 及排泌 K^+ 减少,从而使血浆中 H^+ 及 K^+ 增高,引起 AG 正常型代谢性酸中毒和高钾血症。根据阿迪森氏综合征的发病原理,对病程发展进行推演,盐皮质激素(即醛固酮)控制钠、钾和水平衡。在原发性肾上腺皮质机能不全时,醛固酮分泌减少会引起肾保钠、保氯、排钾功能受损,从而引起低钠、低氯、高钾血症,钠钾比在 27 以下。与此同时,保钠、保氯功能异常会引起细胞外液量减少,导致渐进性出现低血容量、低血压和心排血量不足,肾和其他脏器灌注量减少。在本病例中就表现为后腔静脉狭窄。

病例 11　一例公猫下泌尿道综合征的诊疗

◎ 基本信息和病史

虎斑猫,雄性,5 岁,体重 6 kg,定期进行驱虫和免疫。

◎ 临床检查

该猫体温 39.1 ℃,心率 105 次/ min,呼吸频率 38 次/min,精神萎靡,食欲下降并轻微呕吐,频繁做出排尿姿势而未见排尿,在尿道口处发现少量的血滴。触诊膀胱时,膀胱充盈并且有轻微的疼痛。

◎ 实验室检查

血常规结果显示,红细胞计数和红细胞比容指数偏高,提示有脱水现象。

生化检查结果显示,总胆红素、肌酐、葡萄糖、尿素等数值偏高,肾单位产生促红细胞生成素减少,肾小球过滤功能降低,且肾代谢功能障碍出现肾衰症状。

血气离子检查结果显示,谷氨酸脱氢酶(GLU)、血尿素氮(BUN)、钾离子(K^+)、细胞外液碱剩余(BEecf)偏低,离子紊乱,出现呼吸性酸中毒,钾离子升高使心脏负担变大,会出现生命危险。

尿液呈鲜红色,轻微浑浊,呈酸性,出现大量尿酸盐结晶,含有大量红细胞,少量炎性细胞。膀胱壁损伤,出现脱落,毛细血管破裂出血,尿浓缩出现结晶。结晶与黏膜、血凝块等使本就狭窄的尿路造成堵塞,使尿路不通。

◎ 诊断结果

公猫下泌尿道综合征。

◎ 治疗和预后

患猫术前 8 h 内禁食禁水,用 20 mL 注射器进行膀胱穿刺以防尿液过多造成膀胱破裂。麻醉前皮下注射硫酸阿托品 0.25 mL,诱导麻醉采用静脉注射丙泊酚 1.1 mL,采取气管插管法利用异氟烷进行维持麻醉。

患猫的会阴部、尾根腹侧部进行剃毛消毒。沿阴囊和包皮两侧椭圆形切开皮肤,分离,去除阴囊和包皮,钳夹切口腹侧的阴囊动脉止血。紧贴阴茎向坐骨方向分离,暴露阴茎的坐骨接合部和尿道球腺。拉住阴茎,紧贴坐骨剪断两侧的坐骨海绵体肌和坐骨尿道肌与腹侧的阴茎韧带,并伸入手指钝性分离,使阴茎游离。分离剪断阴茎背正中的阴茎退缩肌,至肛门外括约肌即可。从尿道口沿阴茎部尿道的背正中线剪开,暴露尿道黏膜,插入导尿管。将阴茎部尿道近端的尿道黏膜与周围皮肤使用无损伤的 4-0 线结节缝合,两侧各缝 4~5 针后截断 1/3 的阴茎,然后再将余下的尿道黏膜与周围皮肤缝合,拔出导尿管,留置双腔导尿管。拆开肛门荷包缝合线,取出棉球。术部涂抹红霉素软膏,包扎,固定尿袋。

术后皮下注射酚磺乙胺 0.5 mL，每天 2 次，连用 7 天；静脉滴注头孢噻呋 5 mg、0.9% 氯化钠注射液 30 mL，每天 1 次，连用 7 天。保持伤口干净干燥，排尿后注意清理并按时擦外用抗菌消炎药，发现伤口出现化脓、感染等症状应及时清理伤口。术后 7 天皮肤愈合良好，可以拆线。

◎ **病例解析**

猫的下泌尿道疾病表现为尿频、尿痛、血尿、排尿困难等，主要是由于膀胱和尿道的结石、结晶和栓塞等刺激引起的膀胱及尿道黏膜的炎症。主人很难及时发现动物的行为异常，但如有频繁蹲猫砂的异常行为出现就应及时就医，以免耽误治疗。该病较为常见，一般对非急性的病例选择保守治疗，包括导尿、补液、消炎等对症治疗。如反复发作或是阻塞严重病例，需选择手术方式解决，同时纠正机体酸碱紊乱、离子失衡、对症治疗。

病例 12 一例猫荐髂关节脱位和骨折的诊治

◎ **基本信息和病史**

中华田园猫,雄性,3 岁,不小心被车轧到,双后肢无法站立,一直疼痛嚎叫。

◎ **临床检查**

该猫体温、脉搏、呼吸频率正常,触诊大转子和髂骨翼附近区域,疼痛明显,有骨摩擦音,双后肢反射正常。

◎ **实验室检查**

骨盆 X 线检查结果显示荐髂关节脱位和骨折(图 2.11)。

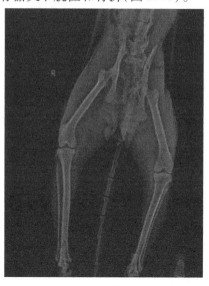

图 2.11 骨盆 X 线检查结果

◎ **诊断结果**

荐髂关节脱位和骨折。

◎ **治疗和预后**

患猫术前禁食禁水,前肢臂头静脉植入留置针,术部常规备皮消毒。麻醉后的患猫侧卧保定,使椎体与髂骨翼成90°切口定位,以背侧的髂骨嵴为上起点向后延长切口至荐关节尖部使其延长的切口线平行于椎体。锐性分离皮下组织直至暴露出髂骨嵴穿过骨膜切开附着于髂骨嵴侧缘的臀中肌的起点。同时在附着髂骨嵴中部缘的荐棘肌的起点切口,切开臀浅肌。锐性分离髂骨和荐骨的支持韧带向外牵引筋膜暴露髂骨翼。使用点式持骨钳向内侧牵引髂骨翼,暴露 Z 形关节韧带和 C 形软骨面,定位 C 形软骨入钉位置在 C 形软骨上 1/3 处做标记,使用 1.8 的骨科钻头打孔,深度限制为 3 mm,触摸髂骨翼的关节隆凸位置,在其中点的位置使用 2.0 的骨科钻头打孔制作滑行孔,选用 9 mm 的自攻皮质螺钉,首先通过 2.0 髂骨翼上的滑行孔助手牵引复位,使用髂骨翼与荐骨的 C 形关节面复位使用六角起子拧紧螺钉。

术后佩戴伊丽莎白圈防止舔舐伤口,术部绷带包扎限制活动。术后及时输液补充能量,静脉注射抗生素防治继发感染,碘酒消毒伤口,必要时给予止痛药物。恢复饮食后,日粮中注意补充钙制剂、维生素 A 和蛋白质,以满足骨骼愈合的营养需要。术后 1 周拆除皮肤缝线,及时拍片复诊,术后 2 周帮助复健并逐渐增加运动量,促进骨折部血液供应。

◎ 病例解析

犬猫因车祸、高楼坠落等原因往往造成多处骨折,必须借助现代影像检查技术才能够准确诊断,术前应进行全面检查有利于评估动物机体状态。在手术过程中应该根据动物的体况、骨折的部位及手术的难易程度灵活运用各种固定方法,后期注意营养补给、抗感染治疗,同时需要限制运动并帮助其复健。

病例 13　一例猫开放性骨折的诊治

◎ 基本信息和病史

缅因猫,雄性,1 岁多,体重 8.4 kg,性格活泼,未绝育。主诉因忘关窗户,猫从 8 楼阳台坠落到 3 楼的露台,意识到猫不见时差不多半个小时左右,后发现在露台上趴着不动,口鼻有血,马上送医。

◎ 临床检查

该猫口微张,舌头露出没有收回,右前肢开放性骨折,肉眼可见穿破软组织露出的骨头断面,口鼻处的血已经凝固且没有再流,可能有肺出血,在 ICU 中吸氧,情绪稳定,精神良好。

◎ 实验室检查

胸腹部 DR 检查结果显示,右侧桡骨、尺骨骨折,左侧桡骨、尺骨骨折并累及肘关节(图2.12)。

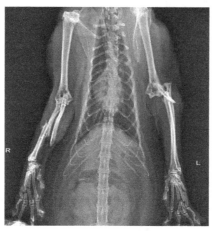

图 2.12　胸腹部 DR 片

◎ 诊断结果

开放性骨折。

◎ 治疗和预后

术前准备:术前 1 h 静脉注射头孢噻呋钠 10 mg/kg,术前 15 min 静脉注射右美托咪定 4 μg/kg。麻醉前吸氧 3 min,后按每千克体重静脉注射丙泊酚 5 mg 进行诱导麻醉,诱导后进行气管插管。用 3% 异氟烷麻醉,麻醉平稳后降低至 2% ~ 2.5% 的浓度维持麻醉。动物仰卧位,左右两前肢剪毛剃毛,之后对术区用碘伏皮肤消毒液进行消毒 10 ~ 15 min,而后用 75% 医用酒精进行脱碘。肢体末端包扎无菌自粘绷带,在手术区周围铺上创巾,术部无菌隔离。

手术过程1(右侧桡尺骨骨折):手术通路手术采用右侧尺骨干外侧通路,切开皮肤,切开筋膜,沿着肌沟方向钝性分离肌肉,暴露骨折断端。用持骨钳夹住两断端,使骨折断端恢复正常并靠拢。确保骨折持骨钳最佳复位,先用交叉克氏针暂时固定好骨折断端,选择术前计划的骨板以及骨螺钉,中间预留孔目的是减少应力集中造成骨板断裂的风险。以3-0PGA线缝合肌肉,注意血管不要缝合进去,造成阻断,依次缝合皮肤,涂抹药膏,包扎。

手术过程2(左侧肘关节脱位、桡尺骨骨折):采取肱骨外侧顺肱骨结节向尺骨远端弧形切口,采用宽6 mm的加压骨板将尺骨断端固定好,将尺骨和桡骨用两颗拉力螺钉固定到一起。在肱骨上由肱骨外侧髁向内侧髁距离肘关节1 cm打一个直径1.5 mm的孔,在桡骨上由外侧向内侧距离肘关节1 cm打一个1.5 mm的孔,将人工韧带从肱骨的外侧髁穿向内侧髁,从内侧髁拉长人工韧带再将韧带从桡骨内侧穿到桡骨外侧,将桡骨还纳到关节囊弯曲关节,调节桡骨和肱骨角度,同时调节人工韧带松紧度,并用人工韧带固定装置固定,将关节囊闭合。然后用骨板及螺钉将断裂的桡尺骨固定,最后缝合肌肉和皮肤。

术后住院10天,术后第8天拆线,伤口愈合良好,左右两患肢活动时无疼痛感觉,行走仍困难。术后1个月电话回访,患肢可偶尔行走,有跛行,建议主人限制运动。术后3个月复查基本正常运动,X线检查结果显示骨折的断端已经愈合良好。活动关节已经完全无疼痛感觉。

◎ **病例解析**

骨折多由于外界的各种机械性暴力,如碰撞、滑倒、压迫、坠落、急剧地停站或跳跃障碍的急降,小腿踏入地裂等引起;患骨软症、佝偻病时,也容易发生骨折。犬猫骨折后,常伴发周围软组织的损伤、肿胀,出现异常活动、假关节和机能障碍等。骨折的预后取决于犬猫的年龄、骨折部位、程度、血管及软组织的损伤程度,救治的时间和方法,有无创伤并发症等。一般幼年动物的骨折要较老年容易康复,前肢骨折较后肢骨折容易治疗,完全骨折和粉碎性骨折预后多不良,四肢上部骨折预后也不太理想。骨折后,必须坚持早期治疗,合理治疗,不能错失有利的治疗时机。在饲养管理中要注意适当控制运动量,并增加营养供给,以促进早日康复。

为防止骨折断端活动和发生严重并发症,骨折后应在原地实施救护。出血时,在伤口上方用绷带、布条、绳子等结扎止血。患部可涂布碘酊,创内撒布碘仿磺胺粉,用绷带、纱布、树枝、木板等简易材料,对骨折进行临时包扎固定,然后再将其送动物医院治疗。对非开放性骨折的患部进行一般清洁处理,对开放性骨折的创伤进行外科处理,然后固定。固定后尽量减少运动,经过3~4周后逐步适当运动。经过40~90天后,可拆除绷带或其他固定物体。

病例 14　一例猫螨虫感染的诊治

◎ **基本信息和病史**

流浪猫,雄性,面部感染严重,眼睛被分泌物黏住,基本看不见东西。

◎ **临床检查**

该猫极度消瘦,腹部胀大,精神萎靡,提拉皮肤恢复极慢,全身皮肤泛红,表面有大量皮屑,有多处溃烂,耳朵边缘增厚,伴有恶臭味,严重瘙痒。

◎ **实验室检查**

显微镜检查发现疥螨(图 2.13)、真菌、细菌混合感染、耳螨,粪便中有蛔虫。

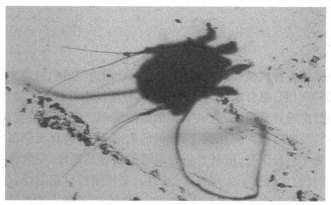

图 2.13　显微镜检查结果

◎ **诊断结果**

寄生虫感染导致的皮肤病。

◎ **治疗和预后**

体外使用螨康喷剂,西农百草(早晚各 1 次),螨康洗剂(三天洗 1 次)。口服伊维菌素,每周 1 次,连用 1 个月。2 个月后出现中毒,体温低于 36 ℃,黏膜苍白,触诊后肢疼痛,腹泻等。停止使用外用药,改为支持疗法。静脉滴注维生素 0.5 mL,ATP 0.5 mL,肌苷 1 mL,葡萄糖氯化钠注射液 60 mL;静脉滴注头孢曲松钠 0.45 g,葡萄糖氯化钠注射液 60 mL;静脉滴注黄芪多糖 2 mL,葡萄糖氯化钠注射液 60 mL;皮下注射复合维生素 B 溶液 2 mL。

1 个月后,患猫疥螨、耳螨等体外寄生虫急剧减少,真菌、细菌也得以控制,粪检没发现蛔虫虫体,还有少量虫卵存在。2 个月后疥螨、耳螨、真菌、细菌、蛔虫基本得到控制,但是由于用药不当中毒,使患猫抵抗力降低,采取支持疗法,解毒并恢复体能。3 个月后患猫恢复正常。

◎ **病例解析**

宠物螨虫和真菌混合感染四季均可发病,属于人畜共患传染病,春秋两季气候潮湿因而发病率较高。各年龄动物均可患病,性别差异不明显。直接或间接接触是此病的主要传播途径,其他动物也有患病可能。患病宠物主要表现为耳部、面部、胸腹、四肢等处会出现局部感染,而后逐步扩散至全身,因瘙痒抓挠而导致被毛脱落。真菌感染的被毛脱落,形成不规则的圆形或椭圆形,且可见凸起的鳞屑样红斑。部分患病宠物皮肤会增厚,出现结痂性湿疹,或皮肤表面可见黄褐色皮屑,痂皮去除后,皮肤呈红色浸润状态,且可见明显的出血现象。

本病例的诊断可采取皮肤刮片、显微镜检查的方法进行确诊。治疗应保障患病宠物皮肤干燥清洁,采用伊维菌素、蝉螨洗剂、酮康唑等药物进行驱虫及抗真菌感染,同时采用抗生素进行消炎,防止继发感染。

本病的预防要从以下几个方面做起:加强宠物饲养管理,保证日粮营养均衡;做好卫生清洁工作,保持宠物生活环境干燥、卫生,及时清理粪便和尿液,防止病原微生物繁殖;定期洗澡、驱虫;健康动物应避免接触患有皮肤病的犬猫,避免相互感染,如发现有异常,要及时诊断治疗。

病例15 一例猫膀胱结石的诊治

◎ **基本信息和病史**

英短蓝猫,雄性,主诉就诊2天前开始出现尿频,血尿,排尿困难,精神食欲正常,去年出现过膀胱结石的情况,当时选择保守治疗。

◎ **临床检查**

该猫尿频,触诊膀胱中有大量尿液,腹部柔软。

◎ **实验室检查**

血常规检查显示淋巴细胞总数及淋巴细胞比率有所增加。X线检查结果显示膀胱内有结石存在(图2.14)。

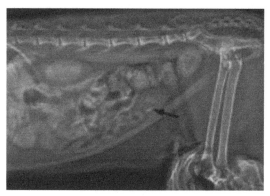

图2.14 X线检查结果

◎ **诊断结果**

膀胱结石。

◎ **治疗和预后**

术前准备:患猫术前禁食8 h,禁水6 h,埋入静脉留置针。术前20 min,皮下注射阿托品0.01 mg/kg,酚磺乙胺2 mL,静脉注射布托啡诺0.3 mg/kg,使用丙泊酚4 mg/kg静脉缓慢注射至起效,诱导麻醉后进行气管插管,气管插管前应检查气囊是否完好,插管后通入异氟烷维持患犬麻醉状态,同时打开心电监护仪进行全程监护。

手术过程:于脐后腹白线右侧切口,切开皮肤、腹直肌,然后沿腹中线切开,暴露腹腔,将膀胱预定切口两侧分别做一根牵引线,提起牵引线,用手术刀刺一小口,然后用手术剪在预定切口处剪开膀胱壁全层,暴露出结石。用镊子提起膀胱壁切口,用灭菌药匙深入膀胱,取出结石,检查清理全部的结石,确保无残留小结石及血凝块。冲洗膀胱(经尿道插管逆行冲洗)。膀胱缝合,第一层连续缝合,第二层不穿透黏膜层的连续水平内翻缝合,冲洗膀胱表面,还纳腹腔,缝合腹膜和肌肉层、皮肤。

术后给患猫戴伊丽莎白圈,腹部用弹力手术衣包扎。消炎一周,服用止痛药一周,伤口每天消毒 1~2 次,第 7 天开始间断给伤口拆缝合线。建议在消炎抗菌基础上给患猫多喝水,吃湿粮。

◎ 病例解析

膀胱结石是猫常见的泌尿系统疾病,是由于泌尿道黏膜炎症发生时,病理产物形成胶体基质,成为结石的核心,有利于无机盐类的析出和附着,从而形成膀胱结石,常引起炎症、尿液滞留、尿淋漓,甚至尿血。由于泌尿系统结构不同,公猫发生膀胱结石的可能性更大。摄入高矿物质含量的日粮、全干猫粮、发情期前绝育、细菌感染等均可能成为该病的诱因。

本病易与膀胱炎混淆,临床医生需要结合多种检查手段如 X 线、B 超、血常规、尿常规等进行综合判定。目前,膀胱结石的治疗方法主要分为保守治疗与手术治疗。当结石较小或者尿道没有完全阻塞时可采用保守治疗。手术治疗时,在结石取出后,要特别注意对膀胱和尿道的彻底冲洗,防止在手术时被夹碎的结石或原先遗留的零星碎石残留其中。

病例16　一例猫杯状病毒的诊治

◎ **基本信息和病史**

英国短毛猫,雌性,4岁,体重2.5 kg,精神沉郁,食欲下降,未绝育,生活环境为室内,未驱虫,首免无抗体。

◎ **临床检查**

该猫体温38.7 ℃,精神沉郁,食欲不佳,眼鼻分泌物增多。视诊被毛杂乱,消瘦,右眼肿大,分泌物黏着。听诊呼吸音异常。

◎ **实验室检查**

血常规结果显示炎症指标升高。核酸检测呼吸道四项,结果提示猫杯状病毒阳性,其他三项阴性。

◎ **诊断结果**

猫杯状病毒感染。

◎ **治疗和预后**

治疗:皮下注射泰乐菌素12.5 mg,猫用重组干扰素150万 IU/支,注射一支,杯状卵黄抗体1.5 mL,地塞米松注射液2 mL,科特壮1 mL。口服盐酸多西环素片12.5 mg,宠物黄芪多糖口服液1 mL。

预后:将患猫进行隔离饲养,及时清理眼鼻部分泌物,做好消毒工作,按月龄进行疫苗接种,减少患传染病的风险。

◎ **病例解析**

猫杯状病毒主要导致猫上呼吸道感染,临床表现为发热、食欲下降、精神沉郁;口腔发炎、溃疡,舌上出现溃疡并伴随红肿,牙龈红肿、出血、萎缩;眼部红肿,结膜炎,分泌物增多;鼻部有分泌物,打喷嚏,严重时发生肺部感染。本病的诊断主要根据临床症状以及实验室检查进行确诊。目前临床主要采取对症治疗、支持治疗等方法,病毒干扰素、广谱抗生素是临床治疗中常使用的药物,干扰素能够抑制病毒的增殖、感染,广谱抗生素可以预防继发性细菌感染。目前对于预防猫杯状病毒感染主要依靠疫苗接种,该法对于数量相对较少的宠物猫能达到较好的预防效果,同时宠物主人应定期对猫舍进行消毒,注意饮食营养搭配且避免饲养密度过大。

病例 17　一例猫传染性腹膜炎病例

◎ 基本信息和病史

布偶猫,雄性,1 岁 4 个月,体重 3.6 kg。该猫未去势,已接种猫三联疫苗和狂犬疫苗,已驱虫。转诊患猫,在其他医院治疗一周没有好转反而变得更加严重。

◎ 临床检查

该猫体温偏高,呼吸稍快,长期流鼻涕,精神不振,喜卧,极度消瘦,能清晰摸到脊椎,被毛粗糙,皮肤和可视黏膜有黄染,脱水,腹部膨大,触诊肾脏一大一小,有疼痛感。

◎ 实验室检查

血常规检查结果显示白细胞数升高,而淋巴细胞比率降低,说明患猫可能存在病毒感染;血红蛋白含量、红细胞比容下降,可能与动物久病营养不良有关。

生化检测结果显示总胆红素含量以及天门冬氨酸氨基转移酶含量升高,指示可能存在肝脏损伤。

实验室检查怀疑 FIP,腹部超声显示肾脏髓质环征(图 2.15),淋巴穿刺液做 PCR 证实。

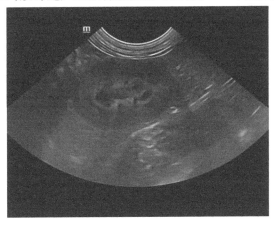

图 2.15　B 超检查结果

◎ 诊断结果

猫传染性腹膜炎。

◎ 治疗和预后

药物治疗:静脉注射阿莫西林克拉维酸钾 12.5 mg/kg,皮下注射布托啡诺 0.2 ~ 0.4 mg/kg,抗炎止痛;静脉注射促肝细胞生长因子 0.1 mL/kg,肌内注射美极命 0.2 mL/kg,保肝;补充能量、电解质；GS-441524 2.5 mg/kg，1 天 1 次，抗病毒治疗。

半个月复查 1 次，出院后每天口服保肝药。

◎ **病例解析**

猫传染性腹膜炎是猫的一种全身性、致死性疾病，其病原为猫传染性腹膜炎病毒，由猫冠状病毒突变而来。该病根据临床症状可分为湿性猫传染性腹膜炎和干性猫传染性腹膜炎两种，湿性型最典型的症状是浆膜炎症和积液产生，常见为腹腔或胸腔积液，偶发心包积液，腹腔积液症状较为明显，腹围增大，触诊腹部有液体波动感。干性型病程较长，呈慢性经过，在首次感染后数周至数月后才发病，典型特征为肉芽肿和血管病变。

本病缺乏特征性的临床指标和生化指标，需要结合临床症状及实验室检查结果确诊。猫在患病期间常出现轻度非再生性贫血；机体代谢发生紊乱，生化检查可以发现球蛋白、白蛋白和胆红素等变化；炎症发生，可通过检测血清淀粉样蛋白 A 进行判定；腹腔积液的患猫，可对其液体进行李凡他试验，若为阳性，则可怀疑为猫传染性腹膜炎；同时 B 超检查双肾髓质环征也是猫传染性腹膜炎的表现。

病例 18 一例猫耳螨病的诊治

◎ **基本信息和病史**

布偶猫,雄性,2 月龄,体重 2 kg。主诉就诊前半个月,发现患猫食欲有所下降,精神状态不佳,有挠耳朵、甩头等现象。耳道分泌物增加,甚至出现少量的脓性分泌物,频繁地挠耳朵导致外耳红肿破溃有结痂,曾去其他医院就诊,效果不好,近期病情发展严重,来医院就诊。

◎ **临床检查**

该猫双耳廓外呈现少量脱毛,严重瘙痒,耳部皮肤发红破溃,分泌物呈褐色有异味,其他部位未见明显异常。

◎ **实验室检查**

猫耳螨显微镜检查结果如图 2.16 所示。

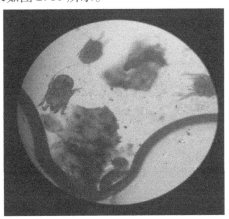

图 2.16 猫耳螨显微镜检查结果

◎ **诊断结果**

猫耳螨。

◎ **治疗和预后**

耳道清洁,先往耳道滴入适量洗耳液,停留十几秒,让少量洗耳液流入耳道最深处。用手轻轻捏猫耳根部,并顺时针轻揉耳根,猫下意识甩头,部分耳垢可以直接伴随洗耳液自行甩出,用一次性棉签轻轻刮掉耳道及外耳道内残留污垢,再次深入耳道内并黏附出耳垢。擦拭干耳道后,使用耳肤灵药膏挤入猫耳道。停留几秒,按照上述所说反复按摩猫耳道使药膏充分吸收。按照上述治疗方法持续用药治疗一周左右,至少每天要持续上药治疗,基本就可以确定是否痊愈。治疗期间随时注意不让猫抓挠耳道,给它戴伊丽莎白圈。每天一次静脉滴注以下药物:静脉滴注5%葡萄糖注射液40 mL,头孢曲松钠250 mg,地塞米松磷酸钠2.5 mg;静脉滴注5%葡萄糖注射液50 mL,肌苷30 mg,维生素B_6 30 mg,ATP 10 mg;静脉滴注5%葡萄糖注射液40 mL,硫酸庆大霉素16 mg,替硝唑注射液80 mg。口服尼美舒利8 mg。

连续用药一周后,病情好转,耳道内分泌物减少,抓挠次数明显减少,耳朵红肿增厚现象基本消失,耳道内原有异味逐渐好转。用药一周后耳道中无异味、无分泌物、无充血红肿,建议再巩固治疗2天。

◎ **病例解析**

猫耳螨病是猫常见的皮肤性疾病之一,易导致混合性感染。耳螨也称为耳疥虫,犬、猫的耳螨具有高度的传染性,几乎没有中间宿主,所以犬、猫的耳痒螨病是通过直接接触进行传播的。雄虫体长仅为0.3 mm左右,雌虫体长会略为偏大,约0.5 mm,体型会略膨大呈长椭圆形,肉眼观察不到,在猫耳道内产下虫卵并逐渐开始繁殖,吸食淋巴液细胞及皮肤细胞来滋养自身为主。病原常寄生在耳道,很少出现在头颈部和尾部,具有明显的自然传染性,与患有耳螨的猫直接接触,造成耳道内滋生大量螨虫。该病如果治疗不当,可能继发耳血肿、中耳炎等。耳螨治疗并不困难,但要坚持洗耳及用药,定期检查并清洗耳道,且定期体外驱虫可以预防和减少耳道疾病发生。

病例 19　一例猫口腔异物的诊治

◎ **基本信息和病史**

英国短毛猫,雌性,11 月龄,体重 2.85 kg,无患病史,已免疫,无过敏史。主诉就诊前一天开始不吃猫粮,但还吃猫条。晚上嘴边吐了点泡泡,平时爱翻垃圾桶,主人怀疑可能吃了猫条袋子或者鸡蛋壳。

◎ **临床检查**

该猫排便正常,活动量减退,咳嗽。用零食引诱其张嘴,发现有吞咽困难的情况,查看其口腔情况,观察到上颚有一根针(图 2.17)。

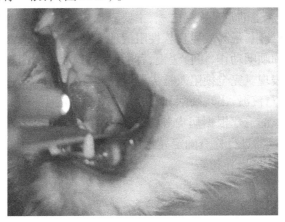

图 2.17　猫口腔异物

◎ **实验室检查**

DR 检查结果如图 2.18 所示,口腔上颚处有一密度异常影像,为绣花针。

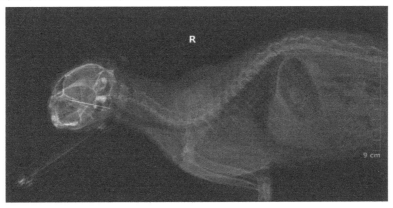

图 2.18　DR 检查结果

◎ **治疗和预后**

患猫左前肢剃毛，头静脉埋置留置针建立静脉通路。丙泊酚 4 mg/kg 静脉缓慢注射至起效，待患猫进入麻醉状态后俯卧保定，后躯略高。5 min 左右进行一次麻醉监护，麻醉深度较浅时，推注丙泊酚。

脱脂绷带固定在上下颚犬齿后端，并用绷带牵拉打开口腔，舌钳夹持舌头拉向一侧，喉镜探查可见有一根针斜向吻端卡在口腔中后部，并且刺破软腭，进入鼻窦腔内。根据 DR 影像测量的距离和实际尝试，选用消毒过的肠钳夹住骨头的口腔端，向咽喉部牵拉，不断地调整角度和力度，慢慢地从软腭中拉出完整的针，然后再从口腔取出。

取出异物后及时对患猫进行输氧使其苏醒。要求患猫禁食禁饮 3 天，每天静脉滴注抗生素和静脉补充营养。3 天后患猫的精神状况良好，且有较强的食欲，要求主人喂 7～10 天的流质食物，后期可慢慢恢复至正常饮食。2 周后回访，患猫痊愈。

◎ **病例解析**

异物梗阻是宠物临床上的常见疾病之一，主要表现为突然发病和咽下障碍。异物梗阻可分为完全梗阻和不完全梗阻，最易发生食管梗阻的地方是食管的胸段。不完全梗阻主要表现为动物骚动不安、呕吐和哽咽动作，摄食缓慢，吞咽小心，仅液体能通过食管入胃，固体食物则往往被呕吐出，有疼痛表现。完全梗阻及被尖锐或穿孔性异物阻塞时，患病动物则完全拒食，高度不安，头颈伸直，大量流涎，出现哽咽和呕吐动作，吐出带泡沫的黏液和血液，常用四肢搔抓颈部，头部水肿。本病的治疗根据病史和突然发病的特殊症状，触诊感知。具体的异物梗阻情况需要依靠 DR 等仪器进行检查确定异物性质、形状和位置。可试用催吐剂或行全身麻醉，在食管内窥镜观察下，取出异物。

病例20　一例猫呕吐病的诊治

◎ 基本信息和病史

英国短毛猫,1岁9月,体重5.6 kg,已免疫,按时驱虫,无既往病史,近期日粮未改变。主诉平时爱啃花草(网上查询为无毒害植物),疑似吃了带骨头的鸡肉,发病前一天家里木地板打蜡(有可能舔到),当晚开始呕吐食物,第二天呕吐黄水,中午呕吐带血呕吐物。

◎ 临床检查

该猫体温正常,精神无明显变化,食欲未知(出现呕吐后主人立即禁食禁水),排便情况未知,腹部触诊无明显疼痛反应,口腔检查未发现明显异常。

◎ 实验室检查

血常规结果无明显异常。猫血清淀粉样蛋白检测结果正常。生化检测结果显示丙氨酸氨基转移酶含量升高,钾离子、氯离子、镁离子以及磷含量均下降,可能与患猫剧烈呕吐,电解质丢失及摄入不足有关。猫胰腺炎检测结果为阴性。

胸腹部DR检查未见明显异物,肾肿大,膀胱充盈(图2.19、图2.20)。

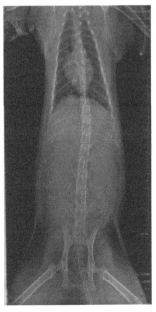

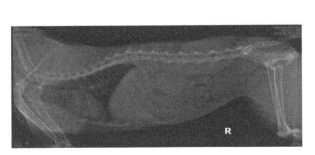

图2.19　胸腹部DR侧位片　　　　图2.20　胸腹部DR正位片

◎ 诊断结果

胃肠黏膜损伤,脱水,电解质紊乱,下泌尿道疾病,急性中毒,肾脏肿大,建议随访。

◎ 治疗和预后

止吐、止血、调节代谢、纠正电解质平衡、补液、预防细菌感染（因时间较晚，主人拒绝补液）。皮下注射溴米那普鲁卡因 1 mL、酚磺乙胺 0.1 g、科特壮 1 mL、氨苄西林钠 0.5 g。观察猫咪呕吐是否缓解，未缓解时呕吐物是否带血，大小便是否通畅，精神状况如何。

一天后，尝试饲喂几颗猫粮未见呕吐，未见大便，小便正常，精神无明显异常，有食欲，体温正常，主人认为有好转要求不打针改口服硫糖铝片，同时建议吃易消化食物，观察猫咪精神食欲状况，DR 影像显示肾偏大，建议定期体检。

◎ 病例解析

猫呕吐的原因主要有以下几种。

胃肠外疾病：内分泌疾病、甲状腺功能亢进、糖尿病性酮症酸中毒、代谢性疾病、肾衰、输尿管或尿道阻塞、肝胆疾病、胰腺疾病、电解质及酸碱平衡疾病、中毒、心血管系统疾病、犬心丝虫病、腹膜炎、与猫白血病病毒及猫免疫缺陷病毒相关的疾病、胃肠外肿瘤、行为异常、疼痛。

胃肠道疾病：饮食不耐或过敏反应、胃及十二指肠溃疡性疾病、非特异性中毒性肠胃炎、胃肠活动障碍、螺旋杆菌性胃炎、炎性肠病、淋巴瘤与其他胃肠道肿瘤、便秘、阻塞、异物、肿瘤、肠套叠、狭窄。

寄生虫性疾病：蛔虫、绦虫……

胃肠道传染病：猫瘟、肠管环状病毒。

多种疾病均可以导致猫呕吐，除了进行对症治疗，还需要查明病因，可通过询问主人病史以及近期宠物生活情况进行初步判断，最后结合实验室检查结果进行确诊，方能进行准确治疗。

病例 21　一例猫球虫病例的诊治

◎ **基本信息和病史**

种用公猫,3 岁,精神情况良好,疫苗接种完善,无误食异物的情况出现,但在排便过程中发现便中带血。

◎ **实验室检查**

患猫粪便显微镜检查观察到球虫卵囊(图 2.21)。

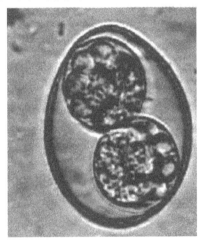

图 2.21　显微镜检查结果

◎ **诊断结果**

球虫感染。

◎ **治疗和预后**

百球清口服液 0.75 mL/kg,每日 1 次灌服,连用 2 天。脱水症状可根据需要进行输液。腹泻可选用止泻康,肠黏膜保护剂可用思密达,帮助恢复肠道黏膜的完整性,促进破损黏膜的愈合,用量是每日半包,分 2 次服用。出现贫血时,实施输血 20～30 mL/kg,并可使用维生素 B_{12} 并对患猫进行保温。

避免球虫卵囊的形成与食入,即可预防球虫病的发生。食槽、饮水器应经常清洗、消毒,猫舍也要经常冲洗、消毒并保持干燥。发现患猫要及时隔离,以防传染。若发现母猫感染球虫,应在产仔前用抗球虫药治疗,预防幼猫感染。定时驱虫,并提高猫的抵抗力。

◎ **病例解析**

本病若单凭临床症状则较易误诊为猫胃肠炎、猫瘟等疾病。因此必须结合临床症状以及实验室检查才可确诊。实验室检查可采用饱和盐水漂浮法检查粪便中是否有球虫卵囊。其显微镜下形态特征表现为孢子化卵囊内含有两个孢子囊,每个孢子囊内含 4 个子孢子。轻度感染时,猫食欲减退,精神沉郁,发热,消化不良;严重感染时,腹泻严重,排出血便,消瘦,出现严重的神经症状如角弓反张、四肢抽搐等。目前已有如百球清、氨丙啉等去球虫药物进行治疗,除此以外,可加入消炎药物及肠道营养物恢复肠道功能,对于贫血患猫要及时进行输血、补充铁制剂及维生素 B_{12}。

病例 22　一例猫瘟的诊治

◎ 基本信息和病史

三花猫,1 岁,免疫接种已完成,之前因脂肪肝住院。

◎ 临床检查

该猫精神沉郁,食欲废绝,体温升高至41 ℃,呕吐腹泻。

◎ 实验室检查

猫瘟抗原检测呈阳性。血常规结果显示白细胞迅速减少,尤其是淋巴细胞数量显著下降。

◎ 诊断结果

猫瘟。

◎ 治疗和预后

止吐采用皮下注射止吐宁 0.1 mL/kg、口服奥美拉唑(抑酸剂)1 mg/kg,同时需要禁水禁食;呕吐症状消失后 1~2 天恢复饮食供给,主要以肠道处方粮或肠道流质罐头为主,康复后再慢慢换回日粮;输血维持血浆胶体渗透压;皮下注射阿莫西林克拉维酸钾 1 mL,防止感染;皮下注射枸橼酸马罗匹坦 0.5 mL,止泻;采取抗病毒治疗,皮下注射特异性抗体(猫瘟单抗)2 mL、干扰素 30 IU,每天 1 次,以及免疫球蛋白等。

经 7 天治疗,预后良好。

◎ 病例解析

猫瘟又称猫泛白细胞减少症或猫传染性肠炎,是由猫细小病毒引起的急性接触性传染病。临床主要表现为双相热、厌食、呕吐、腹泻、出血性肠炎、精神倦怠、四肢无力等,部分病程严重,患猫有头部震颤、抽搐、左右倾倒、共济失调等神经系统症状。

本病治疗首先应对症治疗。对于出现水合不良的患猫应该进行电解质调节和静脉补液。对于出现呕吐症状的患猫可以注射枸橼酸马罗皮坦止吐,同时可能需要禁水禁食直到呕吐症状消失,饮食应该以肠道处方粮或肠道流质罐头为主。此外,对于出现低蛋白血症的患猫及时输血,注意抗菌消炎,以防止继发感染的出现。在对症治疗的基础上继续进行抗病毒治疗,临床常采用猫瘟单抗、干扰素等。

病例 23 一例猫尿闭引起的急性肾衰诊疗

◎ 基本信息和病史

暹罗猫,雄性,4 岁,已去势,发病两周,频繁舔舐生殖器,排尿时间长,最近开始尿血,精神食欲差,不爱喝水,不愿意动。

◎ 临床检查

该猫精神沉郁,触诊膀胱疼痛敏感,毛细血管充盈试验(CRT)大于 2 s,体外温度 36.4 ℃。

◎ 实验室检查

血常规结果显示,白细胞升高说明体内有炎症,血红蛋白含量升高应该是该猫没有进食和饮水导致的脱水。

生化检查结果显示,尿素氮指标过高,肌酐指标超出机器所能测试的范围,说明猫咪肾脏功能有损伤。

腹部 B 超检查结果显示,膀胱充盈,膀胱壁增厚、轮廓不规则,膀胱内存在絮状物(图 2.22)。

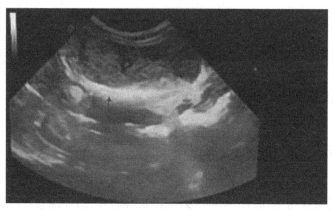

图 2.22 腹部 B 超检查结果

◎ 诊断结果

膀胱炎引起尿闭,引发急性肾衰竭。

◎ 治疗和预后

供氧,保温,导尿,安置导尿管。静脉注射科特壮 2 mL,0.9% 氯化钠 50 mL 和 5% 葡萄糖混合液(1∶2)共 50 mL,以增强机体体力,恢复患猫代谢;静脉滴注乳酸林格氏液 50 mL,调节患猫水盐平衡,酸碱平衡;皮下注射复合维生素 B 和布托啡诺,口服沙司多芬和贝安可,缓解患猫疼痛,促进膀胱修复。

输液 3 天后患猫病情有所好转,恢复食欲,拆除导尿管,能自主排尿。

◎ **病例解析**

猫尿闭是临床上的常见疾病,主要是由自发性膀胱炎、尿道或膀胱细菌感染及结石等引起的。由于解剖构造不同,公猫较母猫更易出现类似病症,临床可见尿频、尿闭及血尿等症状,若未进行及时治疗可致急性肾衰竭。该病在临床上易复发,因此要求诊断详尽且准确。环境因素、泌尿系统感染、常食干燥日粮及不爱饮水等习惯都易使猫患尿闭的概率大大增加。增加猫的日运动量及饮水量,同时减少对猫应激刺激可以有效预防猫泌尿系统疾病的发生。若猫反复出现尿频、尿闭等症状,应及时去医院检查,经医师指导用药,不可轻易停止用药或不进行定期复查,以免病症复发,如保守治疗无效,则必须进行手术治疗,同时在术后要注意药物治疗、食物治疗及细心照料,建议治疗后饲喂处方猫粮,纠正饮食习惯。

病例 24　一例猫巨结肠的诊治

◎ 基本信息和病史

花猫,2岁,体重14 kg,只吃猫粮。最近一段时间,猫吃食逐渐减少,精神变差,不愿行走,经常有排粪动作,但没有粪便排出,近几日经常发生呕吐,在其他宠物医院输液几次,没有好转。

◎ 临床检查

该猫体温38.2 ℃,精神较差,呼吸浅表,呼吸频率42 次/min,心率116 次/min,被毛逆乱,消瘦,结膜苍白,腹部增大,躺卧时腰腹部不能弯曲。触诊时发现腹腔有一似香肠状物体,按压坚硬。

◎ 实验室检查

腹部DR检查可见肠道有粪块堵塞(图2.23)。

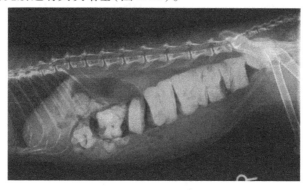

图2.23　腹部DR侧位片

◎ 诊断结果

巨结肠。

◎ 治疗和预后

首先进行了保守疗法。考虑到该患猫精神差、消瘦、心率快,以泻下为主。静脉滴注10%葡萄糖注射液200 mL,维生素C 4 mL,樟脑磺酸钠0.5 mL,50%葡萄糖注射液20 mL;液体石蜡20 mL灌服;温肥皂水200 mL灌肠、软化结粪;结合腹部按摩。

治疗2天未见效果。第3天,征得主人同意,进行手术治疗,开腹破结。麻醉后打开腹腔,取出阻塞结肠,在脐下沿腹白线切开8 cm的切口,打开腹腔,暴露阻塞的结肠,将阻塞部位的结肠取出部分(图2.24),切开肠壁、排出积粪,然后将肠侧壁切开,切口与阻塞物直径相当即可。在切口处用止血钳将阻塞的粪便夹断,分别用手将两侧的结粪挤出,挤压时要缓慢、小心,防止破裂。但由于结粪较干、硬,无法挤出,因此只能用止血钳一点一点地掏出。掏出阻塞物后发现,大部分是香烟的过滤嘴纤维与粪便混在一起。最后进行肠壁、腹腔的缝合。

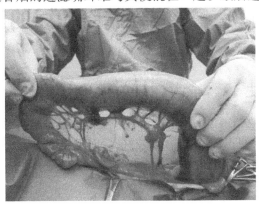

图 2.24　巨大结肠

术后静脉滴注 10% 葡萄糖注射液 200 mL,维生素 C 4 mL,50% 葡萄糖注射液 20 mL;肌内注射头孢噻呋钠 0.3 g,0.9% 氯化钠注射液 5 mL 一次;肌内注射止血敏 2 mL,连用 5 天。术后禁食 2 天,第 3 天给予一些流质食物,以后逐渐转为正常饲喂,第 10 天拆线,痊愈。

主人应注意保持猫砂盆清洁,及时清理猫砂盆;保持周围环境无异物,防止猫咪误吞。主人可以选择罐头、复水的冻干、湿粮、处理过的生肉、熟肉等食物帮助猫提高总摄水量,并让猫多运动。

◎ **病例解析**

巨结肠症是指正常结肠功能丧失而导致的罕见的粪便积留和结肠扩张。任何机械的或机能性的阻塞均可导致该病,如骨盆或骶骨段脊神经病变、家族性自主神经机能异常、骨盆腔狭窄、饮食不慎使粪便中有骨头、石块、毛团等。其主要临床症状是便秘。该病临床上并不多见,但随着宠物饲养量的加大,此种疾病的发生较以往有增多的趋势。

本病主要根据病史、是否有异嗜、运动不足、食物长期缺乏营养、饲料粗硬难消化等进行诊断。结合临床症状,触诊大肠内容物坚实充满如香肠状,经常有排粪动作,却很少有粪便排出,有时发生呕吐等可作为诊断。该病如不及早治疗或治疗不当,往往导致死亡,因此早治疗是治疗本病的关键。目前,手术疗法仍是治疗该病的最有效方法。

病例 25　一例猫膀胱积尿的诊治

◎ 基本信息和病史

美国短毛猫,雄性,1 岁 1 个月,体重 4.5 kg。主诉患猫自搬家后接近半个月排尿不畅,刚开始频繁排尿,但量少,大便正常、精神食欲较好,后面小便呈点滴状,排尿时伴有痛苦的尖叫声,就诊近 3 天频频有排尿动作,但无尿液排出。

◎ 临床检查

该猫体温 39.5 ℃,精神沉郁,食欲废绝,腹部膨大,腹部触诊能碰触到球状物。叩诊肾区无明显疼痛感。

◎ 实验室检查

血常规检测结果提示,该猫有一定程度的脱水,无炎症提示。
腹部 B 超结果显示,左肾肾盂积水,膀胱充盈,未发现结石。

◎ 诊断结果

该猫因为环境变化过度紧张导致膀胱积尿,伴有脱水。

◎ 治疗和预后

患猫侧卧保定,拉直后肢,找到阴茎,消毒阴茎头及周边包皮,生理盐水冲洗消毒药。插入适宜的灭菌导尿管至膀胱,安上注射器,注入少量生理盐水,尿路通畅,再吸取膀胱内的尿液(图 2.25)。进行膀胱冲洗,重复两次(图 2.26)。

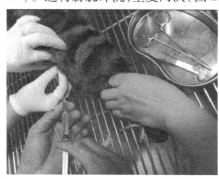　

图 2.25　插入导尿管　　　　　图 2.26　膀胱冲洗

0.9%氯化钠注射液 100 mL 分两组静脉输液。一组 50 mL 0.9%氯化钠注射液中加入维生素 C 0.5 mL,维生素 B$_6$ 1.0 mL 进行输液;另一组 50 mL 0.9%氯化钠注射液中加入氨苄西林 450 mg 进行输液。

5%葡萄糖注射液 100 mL 分两组静脉输液。一组 50 mL 5%葡萄糖注射液中加入辅酶 A

0.5 mL,肌酐 1 mL;另一组 50 mL 5% 葡萄糖注射液中加入阿拓莫兰 0.3 g。

皮下注射科特壮 1 mL;口服康泰 1 支;皮下注射拜有利 0.45 mL;静脉注射氨苄西林 450 mg;肌内注射痛立定 0.54 mL。

通过以上治疗方案,连用 3 天后猫能排出尿液,精神有所好转,食欲逐渐恢复,连用 5 天后痊愈。

◎ **病例解析**

引起猫膀胱积尿的原因很多。排尿时受惊吓、膀胱炎、尿道炎、尿道狭窄、尿道结石等都可能导致膀胱积尿。解除病因结合膀胱导尿治疗疗效较好。本病例因主人搬家改变了猫的居住环境,猫因应激导致膀胱积尿。猫警惕性高,对各种应激反应敏感,易因应激诱发各种疾病。该病例提示主人不要突然改变环境,确实要改变,应逐渐改变。

为提高治愈率,久病不排尿并同时伴有脱水病例,导尿后要及时补液调节电解质、酸碱平衡,补充能量;导尿过程可能引起尿路感染,需用抗菌药物防止继发感染。

病例 26 一例猫尿闭引起的急性肾衰竭

◎ **基本信息和病史**

暹罗猫,雄性,4岁,体重6 kg,已绝育,已免疫,频繁舔舐生殖器,排尿时间长,最近开始尿血,精神食欲差,不爱喝水,不愿意动。

◎ **临床检查**

该猫体温36.5 ℃,心率126 次/min,呼吸频率30 次/min,毛细血管充盈试验(CRT)为3 s,触诊膀胱明显肿大、坚硬,腹壁较紧张,触压有痛感,反应强烈。

◎ **实验室检查**

血常规检查结果显示,白细胞数目和淋巴细胞数目高于正常值,表明患猫有炎症表现。

血气检查结果显示,患猫血液中钾离子浓度升高,酸碱度和缓冲总碱升高,表明患猫有代谢性碱中毒。

生化检查结果显示,尿素氮和磷离子浓度升高,碱性磷酸酶浓度降低,表明患猫肾功能衰竭。

尿液检查结果发现白细胞管型和蛋白管型尿。

B超检查结果如图2.27所示,结果显示膀胱充盈。

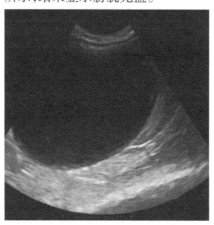

图2.27 B超检查结果

◎ **诊断结果**

膀胱炎引起的尿闭,引发的急性肾衰竭,伴有高钾血症。

◎ **治疗和预后**

第1天对患猫采用静脉滴注0.9%氯化钠、5%葡萄糖混合液共300 mL、乳酸林格氏液

300 mL 起到补水作用,并调节体内电解质平衡。皮下注射复合维生素 B 2 mL 促进体内代谢,布托啡诺 1 mL 缓解疼痛。口服沙司多芬 2 颗,缓解尿疼痛,排尿困难;口服贝安可 8 mg,消炎止痛。患猫精神状态差,无食欲,安置导尿管排尿。

第 2 天对患猫采用静脉滴注 0.9% 氯化钠、5% 葡萄糖混合液共 350 mL,增加静脉滴注科特壮 2 mL、0.9% 氯化钠注射液 100 mL,增强患猫免疫功能,不再注射乳酸林格氏液,皮下注射和口服药物不变。患猫症状有所好转。

第 3 天静脉滴注 0.9% 氯化钠、5% 葡萄糖混合液共 150 mL,科特壮 2 mL,0.9% 氯化钠注射液 100 mL,皮下注射和口服药物不变。患猫食欲尚可,拆除导尿管,排出小块尿液。

第 4 天未输液,口服沙司多芬 2 颗,贝安可 8 mg。患猫食欲恢复,体温恢复正常,可自主排尿,精神状况良好,病情恢复。

预后效果良好,体温 38.8 ℃,恢复食欲,可自主排尿,精神状态佳。

◎ 病例解析

猫的急性肾功能衰竭是一种临床综合征,其特征是由于肾小球滤过能力突然下降而导致肾功能丧失。临床诊疗中,猫的急性肾功能衰竭的患病率和死亡率在增加。大部分情况下,通过快速有效的及时救治和护理,损伤猫的肾脏通过补偿可恢复肾功能。但是,如果治疗不当或不及时的话,症状加剧或转为慢性,猫死亡的可能性会大幅度提高。了解且掌握猫急性肾功能衰竭的主要病因,及时诊断,并制订出合适的治疗及护理方案,是治疗该病的要点。该病在急性阶段只要治疗得当,治愈率尚可,但在治疗的后期护理中,也应当注意饮食清淡,给予一些易消化易排泄的食物,不宜太过油腻或太咸,以免加重肾脏等内脏器官负担。

病例27 一例猫膀胱结石并发尿道阻塞的诊断与治疗

◎ **基本信息和病史**

中华田园猫,雄性,7岁,体重3.19 kg,已绝育,以干猫粮为主食,很少喝水,就诊半年前曾患有膀胱结石,后经过保守治疗治愈了。主诉患猫精神状态很差,就诊前没有吃食以及喝水,不愿意活动,排尿时弓背,频繁做排尿姿势且呻吟怪叫,排出的尿很少,尿液中混有少量血色。

◎ **临床检查**

该猫体温38.2 ℃,精神状况不佳,尿频、尿血、尿淋漓。触诊该患猫的腹部和腰背部,可明显感觉腹部紧张、膀胱充盈。

◎ **实验室检查**

血常规检查结果显示,白细胞数目、中性粒细胞数目均高于参考值,淋巴细胞低于参考值范围。

生化检查结果显示,尿素氮、血钾、磷、肌酐指标均有所升高。

对患猫进行X线检查,检查结果如图2.28所示,结果显示,患猫的膀胱有明显的充盈,有明显的结石影像。

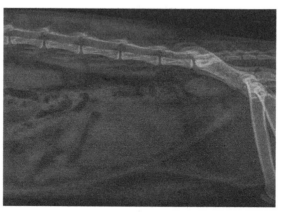

图2.28 X线检查结果

在临床检查中,发现患猫的膀胱是充盈的。为了获得新鲜无污染的尿液进行常规尿液检查和晶体检查,同时也为了保证后续手术的无菌性,不影响结石的清除,医生对膀胱进行了穿刺,以消除膀胱内的尿潴留。

◎ **诊断结果**

膀胱结石并发的尿道阻塞。

◎ 治疗和预后

患猫在术前需要禁食禁水 24 h,防止手术室呕吐窒息,在这期间需要给动物补液补充能量,同时排空肠道内容物。准备手术室和两套手术器械,植入留置针建立静脉通路,在术前 15 min 皮下注射阿托品、美洛昔康、凝血酶。丙泊酚诱导麻醉,气管插管,异氟烷麻醉,全程监控监护仪监测心率、血氧浓度和血压等,观察呼吸及眼角膜颜色。使用尿道造口术、膀胱切开术。

术后 7 天患猫的伤口已经一期愈合,精神状态佳且食欲良好,已经没有乱尿、排尿少、排尿困难的情况。

◎ 病例解析

猫的结石症是猫的常见病,尤其是老年猫发病率更高。平时要注意科学饲养,让猫多饮水,增强尿液循环,防止尿液在膀胱内潴留,及时排除引起结石形成的诱因,增加运动,避免给猫饲喂高蛋白、高磷、高钙的食物。此外该病发生有较大复发的可能,具体原因目前还不明确,跟体况差异、饲喂方式、食物种类等均有关联,治疗时应提前告知宠物主人。

病例 28 一例猫胃内异物诊断和手术方案

◎ 基本信息和病史

中华田园猫,雌性,2 岁 6 个月,体重 6 kg。主诉患猫吞了不明物体,想去拽下时猫已将其吞食,拽出 1 根细线。这根细线原先与缝衣针相连,怀疑猫食入缝衣针,立即将患猫送医院就诊。

◎ 临床检查

该猫体温 38.4 ℃,心率 150 次/min,呼吸频率 30 次/min。用手触诊腹部,患猫反应激烈,有疼痛表现。临床表现为腹痛,小便减少。怀疑患猫胃内食入异物。

◎ 实验室检查

血常规检查结果显示,白细胞总数、中性粒细胞数目较高,判断患猫机体异常,有较为突出的炎症表现。

X 线检查结果如图 2.29 所示,可见患猫胃内出现异物。

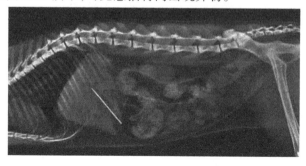

图 2.29 腹部 X 线侧位片

超声可见胃内有大片低密度回声,十二指肠及空肠回肠内并未见异常,双侧肾脏大小正常,皮质髓质分界清晰,膀胱内未见异常。

粪便显微镜检查可见大量滴虫、少量空肠弯曲杆菌、少量肌纤维,菌群活性较差,未见红、白细胞。

◎ 诊断结果

确诊患猫胃内出现异物。

◎ 治疗和预后

对患猫仰卧保定。术前 15 min 皮下注射硫酸阿托品 0.3 mg,15 min 后肌内注射舒泰 72 mg。用碘酊术部消毒,通过手术通路为脐孔前方腹中线,切开皮肤,分离筋膜皮下组织,切开肌肉、腹膜,打开腹腔,将胃的大部分从腹腔内牵引至腹壁切口外,用浸有生理盐水的灭菌纱布隔离。触摸患猫胃部,找出缝针位置。手术过程中未触摸到缝针,所以选择在胃大弯处或胃大弯和小弯之间血管较少的部位切开胃壁全层,确定异物的准确位置并将其取出。观察胃内各处未存在异常,缝合胃壁,用抗生素和温生理盐水对切口进行冲洗,将胃还纳于腹腔内,缝合处理。术部涂碘酊,打结系绷带。

术后每天抗菌消炎,补充能量电解质,戴伊丽莎白圈防止舔伤口。每天早晚 2 次在创面部位涂擦碘伏,3 天内禁水、禁食。3 天后可以饲喂少量流食,7 天后伤口痊愈并拆线,可以正常进食和排便,猫完全恢复健康,遂出院。

◎ **病例解析**

该病因异物的种类和大小,患猫或患犬的临床表现常有较大差异,给临床判定带来误导。比如有的猫胃内虽有异物,但并未表现出临床症状;有的猫胃内有异物,只是时而少食、呕吐,常未引起主人重视;尖锐异物滞留胃内,因刺伤胃膜可出现胃炎症状,药物治疗时容易复发;有的猫胃有异物,常出现干呕、欲食不食、慢性消瘦;有的猫误食长发、毛线,先入端已随粪便排出,而另一端还在口外,表现不安、疼痛、不吃不喝、哀求主人。诊断时要细致入微,仔细观察。

病例 29　一例猫瘟的诊治

◎ **基本信息和病史**

布偶猫,雌性,1 岁,体重 2.7 kg,未打疫苗,吃猫粮,精神状态良好,近期食欲降低,有呕吐拉稀现象,病史不详。

◎ **临床检查**

该猫体温 39 ℃,呕吐呈黄色胆汁样,拉稀带血、带寄生虫,眼部分泌物增加,耳尖微热,鼻子发干。

◎ **实验室检查**

血常规检查结果显示白细胞数目严重下降。猫瘟快速检测卡结果呈阳性。

◎ **诊断结果**

猫瘟病毒感染。

◎ **治疗和预后**

每天测量体温,针对呕吐腹泻引起的脱水状况及时进行静脉补液。静脉滴注 20% 葡萄糖注射液 5～10 mL、5% 碳酸氢钠注射液 5 mL、0.9% 氯化钠注射液 30～50 mL。呕吐和腹泻会引起电解质和酸碱的紊乱,同时补充钾离子(需根据脱水量)。患猫长时间未进食,需要补充白蛋白,防止低蛋白血症及外周水肿肠道有出血,给予维生素 K,同时补充水溶性维生素。皮下注射头孢曲松 30 mg/kg,联合甲硝唑预防小肠破坏导致的细菌感染。维生素 K_3 注射液 0.3 mL/kg,每天 2 次,肌内注射。出现呕吐时应禁食禁水。爱茂尔注射液 2 mL/kg,每天 2 次,肌内或皮下注射。特异性抗病毒治疗:猫瘟抑制蛋白重组粒细胞巨噬细胞集落刺激因子(巨力肽)猫干扰素 50～100 IU/kg,皮下注射。辅助治疗:科特壮 1 mL/kg,皮下注射。

在治疗第 3 天白细胞开始上升,体温正常,第 4 天恢复进食,在医院治疗 7 天后出院,预后良好。

◎ **病例解析**

使用试纸板对该病进行检测时,由于采样不标准、采样量不够等情况,使病毒量低于猫瘟检测敏感度时则测不出来。胃肠炎同样会导致猫出现呕吐、腹泻症状,难以分辨。

猫瘟治疗一般选择对症治疗,但治疗费用较高,在猫白细胞升高后需要停止注射巨力肽,否则会对身体造成损耗。另外治疗期间还应使用抗生素、乳酶生、妈咪爱、益生素等药物结合治疗。

护理需注意体温监测、血常规检测、脱水量检测,饲喂流食,还需注意保暖,若有其他猫,应做好环境消毒。

病例 30　一例猫疥螨的诊治

◎ 基本信息和病史

中华田园猫,4 岁,体重 4 kg,未完全接种疫苗,主人家里开餐馆,猫属于散养,在外面到处跑,就诊当天回家才发现头上皮肤很厚,有很多结痂。食欲正常,精神正常,大小便不详(图 2.30)。

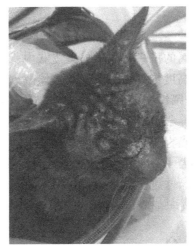

图 2.30　猫皮肤感染图片

◎ 临床检查

该猫体温 40.1 ℃,心率 145 次/min,呼吸频率 35 次/min,瞳孔正常,毛细血管充盈试验(CRT)为 0.5 s。头部到颈部毛发稀疏,皮肤增厚,全身发热,有瘙痒症状。

◎ 实验室检查

刮片采样,显微镜检查可见大量疥螨,如图 2.31 所示。

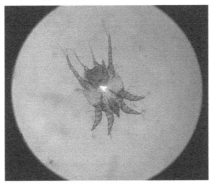

图 2.31　显微镜检查结果

◎ 诊断结果

皮肤感染疥螨。

◎ 治疗和预后

由于患猫全身性感染,导致体温升高,应控制炎症感染,控制瘙痒,杀灭寄生虫。尽量控制猫出行,若外出回家后应检测猫体温是否继续升高。口服爱波克每天一粒;皮下注射通灭0.4 mL,每5天1次;皮下注射长效抗生素0.4 mL,每5天1次。

5天后回医院复查,体温恢复正常,皮肤开始好转,需继续用药,治疗时间可达1个月左右。

◎ 病例解析

猫疥螨病是由疥螨科疥螨属的疥螨寄生于猫的皮肤内所引起的一种皮肤病。主要特征为猫身发生脱毛、皮炎、剧痒及高度传染性等。疥螨虫体微黄色,大小为0.2~0.5 mm,呈龟形,背面隆起,腹面扁平,口器呈蹄铁型,为咀嚼式,通过猫直接接触或通过被污染的物品及人间接接触而传播。由于家庭饲养猫平时不注意皮肤卫生状况,加之毛长而密,皮肤长期处于潮湿状态,尤其在秋末以后,阳光直射猫体的时间较少,皮温又较恒定,湿度增高,有利于螨的生长繁殖。在治疗时,轻度症状可局部进行药浴,患部先剪毛,清洗痂皮,然后涂擦杀螨药。有深部化脓时,进行抗生素治疗,并进行对症处理。主人平时应经常对猫舍及运动场地进行清洗,对被污染的场地、栏舍及笼具均需进行彻底消毒,猫舍要经常保持干燥和通风。

病例 31　一例猫癣的诊治

◎ 基本信息和病史

布偶猫,雄性,1岁,体重4 kg,精神状态正常,饮食情况正常,已绝育,定期免疫,定期驱虫。

◎ 临床检查

该猫全身掉毛,背部最为严重,结痂如图2.32所示,他院检查为真菌感染。曾使用外用药,具体药名不清楚。瘙痒程度(0~10)为3。伍德氏灯检查结果显示,猫背部皮肤有绿色荧光(图2.33),初步诊断为真菌感染。

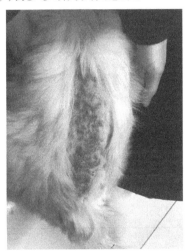 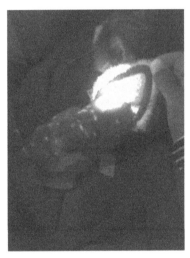

图2.32　猫背部皮肤感染图片　　　　　图2.33　伍德氏灯检查结果

◎ 实验室检查

血常规检查结果显示,各项指标均在正常范围内,无明显炎症和贫血等情况。

显微镜检查发现大量犬小孢子菌。真菌培养后观察到分隔菌丝,卵圆形的为小分生孢子,梭形的为大分生孢子,棘状凸起,判定为犬小孢子菌。

◎ 诊断结果

猫癣。

◎ 治疗和预后

外用石灰硫黄合剂,口服伊曲康唑或灰黄霉素,每天30~40 mg/kg拌料,连用3~4周。全身剃毛,保持患部清洁。

每天进行一段时间的日照。每周 2 次将硫黄皂溶解在水中给猫泡澡,每次 15 min 左右,皮肤尽可能多地接触水,洗完后擦干并吹干被毛,有效避免病情反复。保持生活环境的干燥和通风。患猫接触过的窝具、衣物等应煮沸后经太阳暴晒消毒。使用过的用具每天用消毒剂喷洒消毒,其活动范围内的家具和地板要每隔 2 天消毒 1 次,防止猫癣的扩散和人畜共患。

◎ **病例解析**

发生癣菌病的猫,病变首先在眼周围、耳根和耳廓边缘出现,进一步在四肢爪部和颈部皮肤发生,严重者在体侧、胸腹部也出现病变。感染区最初瘙痒,患猫不断抓挠,不久感染区出现鳞屑,部分被毛折断或脱落,毛变得稀疏,折断毛处外观粗糙,感染严重的皮肤出现痂皮。由于抓搔,有的患猫身上可看到明显的抓伤出血。值得注意的是,猫癣对人有易感性,传染给人后,人的臂上、腿上、腹部和腋下会出现发痒症状,尤其是出汗时更痒,患部逐渐向四周扩展,形成进行性红色圆形斑,水泡性边缘,中心有鳞屑,因形状像铜钱,故俗称钱癣或圆癣。

病例 32 一例猫线性异物的临床诊断与治疗

◎ **基本信息和病史**

蓝猫,雄性,7 个月龄,体重 4.3 kg,已完全接种疫苗,定期驱虫。就诊前一日中午吐出未消化的猫粮,直到晚上共吐了 3 ~ 4 次,因精神较差,持续呕吐,不吃食物,患猫主人将其带往动物医院就诊。

◎ **临床检查**

该猫体温 38.7 ℃,脉搏 120 次/min,腹部触诊无明显疼痛,气体较多,口腔正常,精神较差。

◎ **实验室检查**

血常规检查结果显示,红细胞比容和血红蛋白浓度提示轻度脱水,淋巴细胞和中性粒细胞提示感染,其他未见异常。

粪便检查未见寄生虫。

血清淀粉样蛋白 A(SAA)小于 0.1。猫体内炎症指标在正常范围内,未见异常。

X 线检查结果如图 2.34 所示,可见患猫肠道有明显的气体,且肠管似串珠样。串珠样可见于肠道,由一些斜行或水平走向的小气泡排列构成,其形成取决于气体积液的小肠襻和小肠蠕动亢进同时并存,形似一串珍珠,皱缩在一起。进一步确诊猫消化道疾病需要进行钡餐造影。

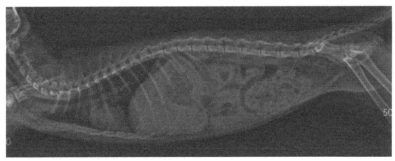

图 2.34 X 线检查影像

钡餐造影可明显看见患猫食管的线性异物和十二指肠呈串珠样。线状的异物通常使肠管沿着异物将自身堆积起来,然后将肠管盘绕集中在一起形成褶皱(图 2.35)。

◎ **诊断结果**

线性异物。

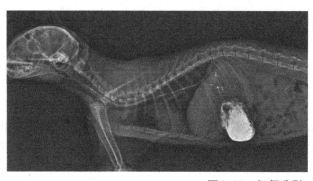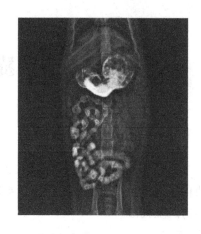

图2.35　钡餐造影

◎ 治疗和预后

该病无法保守治疗,故采用手术疗法根治术后,给患猫穿上手术服,待麻醉苏醒后佩戴伊丽莎白圈,防止患猫舔伤口和外界环境的感染。术前8 h禁食,4 h禁水,并给予镇痛药、消炎药、维生素、抗生素类药,以此起到减少术后炎症,提高患猫抵抗力,保护胃肠黏膜的作用。患猫开腹手术后,禁食禁水24 h,先喂食泡软猫粮、流质罐头等易消化食物,正常进水。肠管手术的停滞期2~4天,危险期3~5天,需留院观察5天,每天需定时查看伤口愈合情况、有无感染。若术后5天伤口愈合良好,食欲良好,即可出院,一周后可进行复诊,检查是否有间接性并发症的出现,并做及时治疗。

◎ 病例解析

线性异物是小动物临床中公认的问题。在猫中,最常见的线性异物是细绳、地毯和塑料。误食异物的临床症状包括呕吐、反流、食欲不振、厌食、抑郁、腹泻、腹痛和脱水。早期诊断有助于预防因胃或肠穿孔引起的腹膜炎等并发症。

病例 33　一例猫自发性膀胱炎的诊断与治疗

◎ 基本信息和病史

蓝猫,雌性,2岁,疫苗与驱虫均已完成,无既往病史。在家出现尿频和乱尿的现象,排尿时尖叫,已持续一周的时间,饮食、精神、大便无变化。

◎ 临床检查

该猫体温 38.6 ℃,体重 7 kg,可视黏膜呈粉色,有轻度脱水,触诊膀胱充盈,尿液混浊,轻微带血。

◎ 实验室检查

血常规检查结果显示,血红蛋白、红细胞平均容积、平均红细胞血红蛋白含量、平均红细胞血红蛋白浓度、白细胞总数、中性粒细胞均超出参考范围,血小板低于参考范围,表明患猫脱水、有炎症。

生化检查结果显示,肌酐和尿素氮的检查结果高于参考范围,表明机体肾脏功能有损伤。

血气检查结果显示,酸碱度、钠离子浓度、钙离子浓度、实测总血红蛋白、血浆碳酸氢盐浓度、标准碳酸氢盐浓度、实际碱剩余、标准碱剩余、二氧化碳总量低于参考范围,二氧化碳分压、氧分压、钾离子浓度高于参考范围,说明机体酸碱紊乱。

尿液检查结果显示,尿八联中蛋白质呈超强阳性未见结晶,有炎症。尿沉渣显微镜检查显示红细胞呈强阳性,白细胞呈阳性,鳞状上皮细胞呈超强阳性,脂肪滴呈阳性。

X线检查结果显示,患猫膀胱充盈(图2.36)。

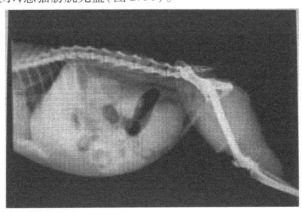

图 2.36　X 线检查侧位片

◎ 诊断结果

该猫患有自发性膀胱炎导致尿闭,伴发急性肾衰竭。

◎ 治疗和预后

立即导尿。使用丙泊酚静脉麻醉,导尿管涂上润滑剂后导入膀胱,并固定导尿管。每天用生理盐水冲洗一次膀胱。皮下注射痛立定 0.6 mL,拜有利 0.6 mL,止血敏(酚磺乙胺) 0.6 mL。静脉输注 5% 葡萄糖注射液 40 mL、葡萄糖酸钙注射液 2 mL,0.9% 氯化钠注射液 20 mL、碳酸氢钠注射液 4 mL,0.9% 氯化钠注射液 40 mL、菌速停 30 mg,乳酸林格氏液 100 mL、 ATP 0.6 mL、辅酶 A 12 mg、维生素 C 60 mg,奥立妥 120 mg,乳酸林格氏液 100 mL、科特壮 2 mL,0.9% 氯化钠注射液 100 mL、V 佳林 0.5 瓶。粮食换成猫泌尿道处方粮,增加饮水量。

第 2 天,猫精神状态尚好,排血尿,有絮状物。第 3 天至第 4 天,猫精神状态良好,尿液颜色逐渐呈淡黄色,絮状物减少。第 5 天拆除导尿管,排尿正常,饮食正常。第 6 天复查,患猫机体各项检查结果正常,出院。

◎ 病例解析

猫自发性膀胱炎是猫咪疾病中近几年较为常见的一种疾病,发病初期的症状并不明显,且此病复发的概率也很高。一般宠物主人发现时患猫已经有非常明显的症状,病情严重,甚至有生命危险。

建议宠物主人平时多注意猫的行为方式,如果有异常,及时询问医生,做到早发现、早治疗。猫对环境的改变,粮食的更换,都很敏感,容易受到应激并产生严重的应激反应,如受到惊吓会导致尿闭。给猫制造舒适的生活环境,勤换水,粮食可以多喂食湿粮,保证充足的饮水;给猫一些玩具,陪它玩耍,多运动,保持心情愉悦;经常清理猫砂盆。如果要出门,把猫放进猫包,减少外界因素导致应激。定期体检,合理地饲养,不要让猫太过肥胖。

病例 34　一例猫胃部异物取出手术

◎ **基本信息和病史**

英国短毛猫,雌性,2 岁,误食一小节胶管,食欲不好,不排泄,精神差。

◎ **临床检查**

该猫体温 39.5 ℃,腹围增大,触摸患猫腹部有疼痛感,口腔及舌根未见异物,可闻到口腔中有异味。

◎ **实验室检查**

血常规检测结果显示中性粒细胞数目高于参考值,其他数据正常,患猫体内出现炎症。生化检测结果显示胆红素升高,肌酐、尿素氮降低,说明患猫肝功能受损,营养不良。腹部 DR检查可清晰看见胃部有异物(图 2.37)。

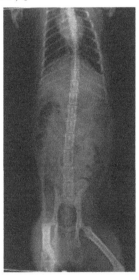

图 2.37　腹部 DR 正位片

◎ **诊断结果**

胃内异物。

◎ **治疗和预后**

患猫前肢头静脉埋置留置针,术前 15 min 镇静,皮下注射布托啡诺 0.1 mg/kg,阿托品0.04 mg/kg。连接内窥镜设备,调试白平衡,准备异物钳。

患猫丙泊酚诱导麻醉,异氟烷维持麻醉,监护心电,仰卧保定,手术切口选择在剑状软骨与脐前腹正中线 2 cm 左右,手术切口部分剃毛处理、消毒后,切开皮肤、皮下组织、腹膜,打开腹腔。用浸过生理盐水的灭菌纱布隔离腹壁切口。将胃牵引出切口之外,触摸患猫胃部,找出胶管位置。手术过程中未触摸到胶管,所以选择在胃大弯处或胃大弯和小弯之间血管较少的部位切开胃壁全层,确定异物的准确位置并将其取出。观察胃内各处未存在异常,缝合胃壁,用抗生素和温生理盐水对切口进行冲洗,将胃还纳于腹腔内,缝合处理。利用铝喷将切口部位覆盖,打结系绷带,停止麻醉,患猫出现眼睑反射或吞咽动作后,取出气管插管,关闭麻醉机。

术后立即佩戴伊丽莎白圈,禁食禁水2天,静脉补充营养物质,维持水和电解质平衡。连续使用3~5天抗菌药物可有效控制伤口感染。术后第3天开始给予适当的流食或流体罐头,逐渐恢复至正常饮食。第7天拆线,患猫完全恢复。

◎ **病例解析**

诊断的困难在于要精准判断异物的具体位置,否则容易在手术过程中增加感染风险,术后几天要时常观察宠物精神和食欲。护理应注意伤口干净,每日做好清创。

病例 35　一例猫下泌尿道阻塞伴胃内异物的诊治

◎ **基本信息和病史**

中华田园猫,雄性,2 岁,体重 3.86 kg,未去势,未定期驱虫,尿闭,在其他医院治疗过,出院 3 天后复发,其间正常喂药。主诉在家喂药时,猫可能误食喂药器头。

◎ **临床检查**

该猫精神尚可,食欲不佳,体温正常,呼吸稍快。视诊阴茎尖端发红,腹部触诊敏感。

◎ **实验室检查**

血常规检查结果显示白细胞数目偏高,表明体内有炎症,且有脱水。

DR 检查发现猫的胃里有喂药器头,其次腹部膀胱变大,但未发现有膀胱及尿道结石(图 2.38 和图 2.39)。B 超检查显示,患猫膀胱壁明显增厚、内壁不光滑,膀胱内有大量的液体。

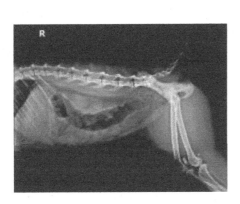

图 2.38　腹部 DR 侧位片

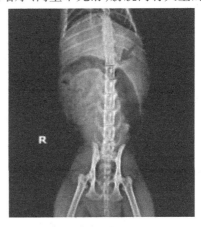

图 2.39　腹部 DR 正位片

◎ **诊断结果**

猫下泌尿道阻塞伴胃内异物病症。

◎ **治疗和预后**

施行内镜下取异物术。麻醉选用丙泊酚(静脉诱导麻醉),异氟烷(吸入麻醉)。术中发现动物胃内有溃疡。术后静脉输注乳酸林格氏液 100 mL,50% 葡萄糖注射液 5 mL,复合维生素 B 注射液 0.4 mL;皮下注射美洛昔康 0.38 mL,速诺 0.38 mL,酚磺乙胺 0.3 mL;口服加巴喷丁胶囊 40 mg,每天 2 次;口服酚苄明 2 mg,每天 1 次。开始 2 天治疗效果佳,能在猫砂盆里面自主排尿,后期无法排尿,触诊膀胱,发现有尿,经主人同意后给该猫插了导尿管,并装了引流袋,无血尿。次日早上发现袋中有血,并且血凝块堵住了导尿管,用生理盐水疏通后再次堵住,后拆除导尿管。引流袋中的尿液共有 240 mL。商议后决定进行尿道改造手术。

术前准备:准备常规器械、电刀、可吸收缝合 4-0 带针线、导尿管。丙泊酚(静脉诱导麻醉)、异氟烷(吸入麻醉)。静脉滴注乳酸林格氏液 200 mL,输液速度 30 mL/h。

手术方法:采用俯卧位保定姿势,在腹部垫上约等于体宽的椭圆形或者圆形物体,充分暴露会阴部。固定后肢。将尾巴拉向背侧与脊柱平行,用绷带固定缠绕。以阴囊为中心,对尾根腹侧的部位进行剃毛。采用荷包缝合肛门(小心不要缝到肛门囊),防止污染手术部位,最后对术部消毒。在距离肛门 1 cm 处沿阴囊缝隙至尿道口切开。由于该猫未去势,所以要先将睾丸摘除。剪去多余的鞘膜和阴囊皮肤。插入导尿管,确定尿道。钝性分离出坐骨海绵体肌和坐骨尿道肌,将阴囊前后动脉用电刀烧烙,出血不严重时则不需要处理。用剪刀将坐骨海绵体肌和坐骨尿道肌在靠近坐骨的一端剪开,可减少出血。环形分离包皮及阴茎周围皮下组织,充分暴露阴茎和其他组织。切断尿道坐骨肌、阴茎退缩肌和坐骨海绵体肌(注意紧贴阴茎切断)。把阴茎牵向一侧,使对侧紧张,有利于分离坐骨附着部位,用剪刀小心剪开腹侧耻骨附着部。把阴茎和骨盆部尿道向背侧拉,仔细钝性分离腹侧,使阴茎和骨盆部尿道游离并易于向外侧牵拉。分离时避免破坏直肠和盆神经,当分离处的拉力很小,甚至没有时说明尿道有了充分的游离性。由尿道口纵向剪开尿道至尿道球腺处。在尿道球腺处,骨盆部尿道的直径可以达到 4 mm。应在尿道的中间剪开,防止伤到海绵体。清理阻塞物。将尿道切口上的尿道黏膜和皮肤切口上的皮肤用可吸收线进行结节缝合。然后每针间隔 0.3 cm 将黏膜和皮肤充分对齐缝合,保证黏膜和皮肤不内翻、不外翻、不褶皱。一侧缝合 6 针左右即可。缝合后,若小止血钳可以深入 3 cm 说明手术成功。在阴茎包皮附着点(在阴茎骨后方)上方将阴茎横断,在距断端 0.3 cm 处做贯穿纽扣状缝合。将多余的皮肤用可吸收线进行结节缝合。取出导尿管,去掉肛门腺周围的荷包缝合。使用碘伏消毒并擦除血迹。为防止动物舔舐伤口,需要给其戴上伊丽莎白圈,直至拆线。

术后 8 h 正常喂食饮水。在猫恢复期间,建议用草纸代替猫砂,这样可以保持伤口的清洁和干燥。每日清理伤口,用碘伏涂抹患处。

◎ **病例解析**

多饮水可以促进尿液生成,较多的尿液可以降低矿物质的浓度,减少形成结晶的机会。多排尿不但可以迅速将矿物质排出体外,还可以冲刷尿路,增强尿道上皮的自我保护能力。猫砂盆要保持干净。有些猫可能会因为猫砂盆不干净而选择憋尿,这样会对它们身体健康造成影响。对于养殖多只猫的家庭,应该多备几个猫砂盆。避免高蛋白饮食,容易引起尿 pH 值升高。要增加运动,避免过度肥胖,减少应激。

3 猪病篇

病例 1　一例母猪伪狂犬病的诊治

◎ 基本信息和病史

繁殖场有 4 500 头母猪,九月份左右产房仔猪陆续出现神经症状,3 天后怀孕母猪开始出现流产,其中流产母猪均为一胎母猪,有神经症状仔猪对应的分娩母猪也是一胎母猪。

◎ 临床检查

妊娠母猪表现为流产,产死胎、木乃伊、弱仔等症状,所产弱胎出生不久后出现典型的神经症状,大部分在 2~3 天后死亡(图 3.1、图 3.2)。

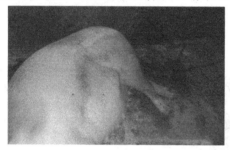 

图 3.1　母猪流产图　　　　　图 3.2　仔猪发病图

◎ 实验室检查

产房神经症状仔猪剖检,有脑出血,其余脏器无明显的剖检变化,个别脾脏出血性梗死。

采集神经症状仔猪的肝脏、脾脏、脑和扁桃体等病例样本,用荧光定量 PCR 进行伪狂犬 gE 基因检测。结果显示,猪伪狂犬病毒呈阳性。

◎ 诊断结果

所采集的病例样本均为伪狂犬阳性,证实是因伪狂犬病毒导致的仔猪发病和母猪流产。

◎ 治疗和预后

饲料中添加维生素 C 75~100 mg/kg 和氟苯尼考每 100 g 拌料 200 kg,在每吨水中添加 50~80 g 黄芪多糖,以增强机体抵抗力。加强整个猪场的生物安全措施,外来车辆严禁进场,场内每 3 天进行一次消毒,预后良好。

◎ 病例解析

猪伪狂犬病是由疱疹病毒科猪疱疹病毒 I 型引起的家畜和多种野生动物共患的传染病。猪临床表现为神经系统功能紊乱及呼吸系统疾病。一旦发现猪只出现相似症状,应及时上报有关部门。该养殖户由于上报及时,病情及时得到控制,并未造成太大损失。该病尚无特效药物治疗,合理接种疫苗是预防该病的唯一手段。平时要注意猪舍的保暖工作,注意环境卫生,加强灭鼠灭蝇。日常饮食应多补充维生素,提高猪群免疫力。

病例 2　一例两性畸形仔猪子宫蓄脓病例

◎ **基本信息和病史**

一猪场发现一头体重约 25 kg 仔猪,外观同正常仔母猪,但肛门下有较小的两片阴唇,合拢呈钩状,阴唇中间有一尖的凸起(图 3.3)。

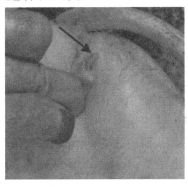

图 3.3　两性仔猪的阴唇中间有一尖的凸起

◎ **临床检查**

脐部稍后方有如指头大的包皮口痕迹(图 3.4),但未触及尿道口及阴茎,在按仔母猪"小挑花"术阉割保定确定术部时,发现从该仔猪阴门口处流出约 200 mL 黄白色有腥臭味的脓液(图 3.5)。

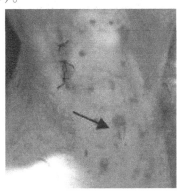

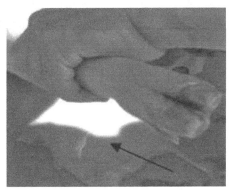

图 3.4　两性猪脐部稍后方如指头大的包皮口痕迹　　图 3.5　保定并确定术部时从阴门流出脓液

◎ **诊断结果**

该猪为两性畸形仔猪子宫蓄脓,须进行卵巢、睾丸和子宫摘除术。

◎ **治疗和预后**

不进行麻醉,采用仔母猪"小挑花"术的保定,即术者右脚踩住患猪左耳后颈部,畜主将两后肢拉直固定,即"前侧后仰,后腿拉抻"。术部常规处理并消毒。保定稳妥后,确定术部。术者左手中指顶住左侧髋结节,拇指压在左侧腹壁倒数 2~3 乳头旁 2~3 cm,右手持手术刀,做一长 6~8 cm 的纵向切口,小心切开皮肤、腹膜,食指伸入腹腔,沿脊柱侧腹壁由前向后探摸卵巢未摸到,然后沿正常子宫体探摸也无卵巢,摸到长约 20 cm,直径约 3 cm 的子宫角,小心牵引出切口外,沿子宫角末端输卵管侧发现有与同龄公猪相似的睾丸和附睾,在睾丸和附睾附近有一疑似卵巢,将睾丸、附睾和疑似卵巢与悬吊韧带间用一把弯止血钳夹住,在止血钳下方约 1.5 cm 处用 10 号丝线贯穿结扎后沿止血钳切断悬吊韧带,游离睾丸、附睾和疑似卵巢和子宫角。同法游离另侧睾丸附睾和疑似卵巢和子宫角。将两侧子宫角完全牵拉出腹壁切口外,继续向外导引出粗大且内有大量脓汁的子宫体。将子宫体内的脓汁大部分挤压到子宫角和阴门外后,用一把弯止血钳夹住子宫体,分别在止血钳前后 1 cm 处确实结扎子宫体,紧靠止血钳处切断子宫体,将子宫卵巢等完整取出。子宫体游离端用温水(生理盐水 250 mL 加硫酸庆大霉素 24 万 IU)冲洗后还纳回腹腔,腹腔内注入硫酸庆大霉素 24 万 IU,甲硝唑氯化钠 200 mL。用 7 号丝线连续缝合腹膜和腹直肌,冲洗后结节缝合皮肤,碘酒消毒缝合创缘。

术后静脉滴注 0.9% 氯化钠注射液 100 mL,加氨苄青霉素钠 2 g、地塞米松 10 mg;10% 葡萄糖注射液 150 mL,加肌苷、ATP、维生素 C 各 2 mL。嘱畜主术后 3~5 天,每天上、下午用阿尼利定 5 mL 稀释氨苄青霉素钠 1 g,肌内注射。单圈喂养,圈舍保持清洁卫生,用营养丰富易消化吸收的仔猪料饲喂 15 天。电话追访,第 5 天该仔猪精神、食欲均恢复正常,伤口愈合良好,7 天后畜主自行拆线,猪只长势良好。

◎ **病例解析**

两性畸形猪在兽医临床上非常少见,可能是遗传因素或近亲配种等原因所致。子宫蓄脓一般发生在经产、发情前期和发情后期,以及剖宫产后的母畜。经询问畜主得知,该仔猪均无此病史和表现,可能与其他途径感染有关,也可能因仔猪异常发育而引起,待进一步探究。该病例在临床鲜有报道,手术疗法是治疗该病的最佳疗法。手术操作过程中结扎一定要牢固、确实,否则易造成大出血和腹腔脓汁污染,造成预后不良,同时应严格消毒,操作熟练,减少出血,促进病猪痊愈。

病例3 一例猪伪狂犬病并发副猪嗜血杆菌病的诊治

◎ 基本信息和病史

某小型猪场共360头断奶至4月龄的猪突然发病。病猪均为断奶后的仔猪10~40 kg不等,有的饲喂浓缩料加潲水,有的饲喂全价料。做过猪瘟弱毒疫苗、猪圆环病毒灭活苗、链球菌蜂胶灭活苗和猪繁殖与呼吸综合征活疫苗的免疫,发病前长势良好,长势较好的猪先发病。发病时猪咳嗽、呼吸急促、跛行、体温升高、流涎、呕吐,畜主以为是因最近天气寒冷致猪患感冒,用抗病毒药物和抗生素(如双黄连、磺胺类、青霉素、链霉素等)按感冒治疗,基本无效。统计接诊猪场共有断奶后10~40 kg的猪600头,360头发病,发病率为60%,死亡120头,死亡率为20%,病程多为2~7天。

◎ 临床检查

患猪多表现为食欲减退或废绝,精神沉郁,喜欢扎堆俯卧,体温在40.3~42.7 ℃,患猪眼屎分泌物较多,有的上下眼睑粘连,有的眼睑发绀;咳嗽喘气,嘴角有白色泡沫,呈不同程度的腹式呼吸,70~110次/min不等,鼻孔流少量的黏性分泌物(初期),也有流脓性鼻液(后期);严重的张口呼吸,犬坐姿势,呕吐,呆立,不愿走动,站立时肌肉震颤,腕、跗关节肿大、行走无力和跛行,卧地,不愿起立,卧倒有时呈划水状;耳廓、颈、腹部等皮下出现蓝紫色针间大小的斑或点,尿液黄色,有的便秘,有的淡黄色腹泻。

◎ 实验室检查

剖解病程长、临近死亡仔猪,可见腹后部等皮下出现蓝紫色斑或点,胸腹腔内有大量浆液性、纤维素性渗出物。肠系膜、腹膜等部位表面沉积大量的纤维素渗出物,盲肠和结肠粘连,空肠也与邻近器官粘连,腹腔内器官与腹膜发生粘连,严重病例可见整个腹腔脏器被黄白色形成的伪膜包裹,伴有怪臭味。脾脏肿大不明显,肝脾表面有大小不等的白色坏死灶(斑或点),肾脏肿大苍白,表面有针尖大小的出血点。肺脏水肿,尖叶、心叶、膈叶有大理石样变,肺脏、胸膜表面有大量纤维素性或干酪样渗出物并与胸壁粘连,支气管内积有大量泡沫样的分泌物;心肌冠状沟附着黄色胶冻样沉积物,心包内有大量的纤维素沉着物,呈现"绒毛心",心包膜与心脏粘连,心包腔积液呈淡黄色。积液不久即成胶冻状。关节腔内有少量的蜂蜜样积液。

细菌学检查:用无菌操作方法采取剖解病死猪的病料(肺炎区,心包腔、胸腔、关节腔渗出物,肝脏、脾脏等),进行细菌分离培养、纯化、染色镜检、生化鉴定及"卫星生长现象"观察,诊断为副猪嗜血杆菌。

药敏试验:将鉴定为副猪嗜血杆菌的菌株,用纸片法对该菌进行药物敏感试验,结果显示,该菌对头孢喹肟、氟苯尼考、阿莫西林、替米考星敏感性较高。

血清学检测:采集病猪的血液,分离出血清,用猪伪狂犬病乳胶凝集试验抗体检测试剂盒检测,结果为阳性。

◎ 诊断结果

猪伪狂犬病并发副猪嗜血杆菌病。

◎ 治疗和预后

发病的猪与假定健康猪隔离饲养,对发病严重、病程长、无治疗价值的猪进行扑杀深埋。立即交替使用复合消毒剂如卫康、农福等对圈舍、用具、环境全面彻底消毒,每天带猪消毒 1～2 次,连用 15 天,以切断副猪嗜血杆菌病和猪伪狂犬病的传播。加强灭鼠,立即停止饲喂潲水,改喂信誉度较好的优质全价饲料。改善猪场环境卫生,加强保温通风防潮等措施。

全群紧急用新必妥(猪用转移因子)稀释猪伪狂犬病活疫苗,每头肌内注射 2.5 mL,1 头猪 1 针头,先注射未发病的猪只,再注射有症状的猪。

控制继发感染,提高猪只抗病力,注射疫苗 24 h 后,对假定健康猪和有食欲的病猪,每吨饲料中添加 10% 替米考星 3 500 g,2% 氟苯尼考 2 500 g,麻杏石甘散 800 g,连用 7～15 天。

针对性治疗病猪,降低死亡率。注射疫苗 24 h 后,对无食欲但能饮水的猪,在每吨饮水中添加 10% 阿莫西林克拉维酸钾 650 g,排疫肽 500 g,高效电解多维 500 g,葡萄糖 15 kg,关闭自动饮水器,每天定时投放 2～3 次。肌内注射硫酸头孢喹肟注射液 3 mg/kg,每天 1 次,连用 3 天,另侧用新必妥(猪用转移因子)稀释阿莫西林钠克拉维酸钾粉针 20 mg/kg(以阿莫西林计)肌内注射,每天 1 次,连用 3 天。采用以上综合防治措施 12 天后,除 3 头病程较长、病情严重的病猪衰竭死亡外,其余接诊猪场病情逐步得到控制,32 天左右疫病基本平息。

◎ 病例解析

目前猪病的发生多为混合感染,诊断与防治猪伪狂犬病并发副猪嗜血杆菌病是一项系统工程,多种因素会导致本病的发生。副猪嗜血杆菌是猪的常在菌,猪伪狂犬病也是猪场常见的疾病,猪伪狂犬病发生后,加之各种应激因素(如断奶、换料、转栏、运输、天气骤变等)的刺激,导致猪只抵抗力下降,造成副猪嗜血杆菌病发生。在防治技术上除加强饲养管理外,疫苗免疫是关键。在监测并针对性地加强其他基础疫苗的免疫时,后备母猪 6 月龄左右肌内注射 1 次猪伪狂犬病活疫苗,间隔 1 个月后加强免疫 1 次,产前 1 个月左右再免疫 1 次。经产母猪每 4 个月免疫 1 次,每头份 2 mL。种公猪每年春、秋两季各免疫 1 次。仔猪在出生后 2～3 天滴鼻,50 天左右肌内注射 1 次,每头份 2 mL。同时做好生物安全,加强灭鼠等工作。副猪嗜血杆菌血清型较多,缺乏有效的疫苗预防,灭活苗效果差,平时应加强药物预防保健,如每月在饲料或饮水中添加敏感抗生素和免疫增强剂,交换轮喂 5～7 天,以控制猪副猪嗜血杆菌病的发生。疫情发生时,应结合实验室检测,及时作出诊断,积极采取对应有效的综合防控措施进行控制,可以收到很好的疗效,极大地减少损失。

病例4　一起产房梭菌发病案例

◎ 基本信息和病史

某规模为 3 700 头基础母猪的繁殖场,拥有 4 个后备舍,8 个 400 栏位、7 个 200 栏位怀孕舍,15 个产房,每个单元 56 个产床。哺乳 9 单元仔猪 3 天(单元平均日龄)整单元做完一体化后第二天多个栏位仔猪出现零星腹泻,2 个初生状况差的栏位出现了整栏腹泻。

◎ 临床检查

腹泻仔猪精神沉郁、扎堆、体表脏、被毛杂乱,肛门周围附着红色或黄色粪便,粪便呈红褐色伴有组织碎片、黄色水样粪便,腹泻严重仔猪出现脱水,腹泻严重猪只直肠温度降至 36.5 ℃,部分仔猪突然死亡,死亡前未见明显症状。

◎ 实验室检查

猪只剖检发现明显急性肠道出血和肺气肿,肠内容物红色或黄色空肠部分出现虎斑样条纹,小肠黏膜表面覆盖一层厚的纤维素性坏死性假膜。

腹泻仔猪肛拭子中检出梭菌阳性,CT 值为 26.51,病原分型为 C 型产气荚膜梭菌。药敏实验得出该场区梭菌的敏感药物有恩诺沙星、乳酸环丙沙星、氟苯尼考注射剂和粉剂、头孢噻呋钠。

◎ 诊断结果

引起该单元猪只腹泻的病原主要为 C 型产气荚膜梭菌。

◎ 治疗和预后

治疗方案:该单元全群注射 2 针长效头孢,每天 1 针;汤料中添加阿维拉霉素和补液盐;垫子清理后撒蒙脱石;腹泻严重仔猪及时腹腔补液。

控制及预防方案:单元隔离,饲养员住单元,单元物资只进不出,禁止其他批次人员进入单元或在单元外徘徊;严格按照最小栏位管理,腹泻栏位与正常栏位业务分离,禁止交叉,进行腹泻严重栏位相关业务时做好防护,业务完成后做好消毒;腹泻死亡仔猪立即挑出,防止在栏位内停留排毒,并完全包裹,包裹完后对猪只进行消毒后才能送出单元;保证栏位干净,减少腹泻粪便停留时间;每天雾化消毒至少 3 次;及时清理母猪粪便,并定时对母猪粪区消毒;批次清群后对单元和物资进行严格刷洗消毒,必须刷洗网底,保证烘干合格。

◎ 病例解析

后续对各产房怀孕舍母猪进行抽样检测后从肛拭子中检出梭菌阳性,由此可分析出病原来源为母猪,个别初生仔猪出现腹泻现象,但饲养员未引起重视,未进行异常预警和防护,一体化后仔猪留下较大创口且体质虚弱,导致仔猪易感,一体化过程中更换栏位间未进行消毒,导致病原扩散,最终导致大群发病。采取上述治疗和预防措施后,多个栏位仔猪腹泻状况有所好转。

病例5　一起改良手术方法治疗猪严重直肠脱出病例

◎ 基本信息和病史

某养猪场于 2016 年 2—4 月先后发生 30~75 kg 猪出现严重直肠脱出,诊疗 3 次。据畜主介绍,患猪从 120 km 外的地方购入,自由采食当地某饲料公司全价饲料,购入第 3 天即有猪出现直肠脱出症状。患猪有的发生咳喘,有的消化不良、腹泻,先后有 13 头 30~75 kg 猪发生直肠脱出,找当地兽医多次按传统手术方法整复固定治疗后又多次脱出,效果不好。

◎ 临床检查

患猪膘情一般,个别患猪弓背消瘦,精神尚可,食欲稍减。脱出直肠有的变黑发硬,呈圆筒状,脱出直肠直径为 9~11 cm,严重坏死,有的有撕裂损伤,有的已化脓生蛆,不能整复,决定用手术方法切除治疗。

◎ 诊断结果

猪只直肠脱落。

◎ 治疗和预后

患猪左侧横卧保定在地上或临时搭建的手术台上,分别绑好前后肢。准备 0.5% 盐酸利多卡因 80 mL,后海穴注射 35 mL,环肛门及术部浸润麻醉 45 mL。用温生理盐水洗净脱出的直肠及尾根(固定猪尾)、周围皮肤及腿部,再用 0.25%~0.50% 高锰酸钾溶液洗涤和消毒,然后用两根穿有长 40 cm 的 10 号缝合线的长直针,紧贴肛门处做十字形刺穿脱出肠管(缝线相交点必须在肠腔内)进行固定,线尾用止血钳夹住。在离穿入穿出线外 1.8~2.2 cm 处小心仔细切透外层直肠壁,边切边止血,特别是肠管背侧痔动脉要做缝合结扎,止血确实。内外层直肠间若夹有膀胱、子宫、小肠等组织器官,且被固定线穿过者,应立即拆去此线,送回小肠等组织器官,重新固定脱出肠管后再继续切断剩余坏死肠管。从肠腔内拉出固定线并折中剪断,分别打结固定,使成为四个结节缝合。此时患猪若挣扎不安,膀胱和小肠等经内外层直肠间突出于肛门外,立即用毛巾压住,待患猪不再挣扎后小心将膀胱和小肠等送回;再在四个结节缝合之间间隔 0.8~1.2 cm 做结节缝合;然后用 0.25% 高锰酸钾溶液冲洗,涂红霉素软膏;最后将缝好的肠管还纳入肛门内,用氨苄西林粉 1.0~1.5 g(用生理盐水稀释)、地塞米松磷酸钠注射液 10 mg 在肛门上下方、左右两侧四点(即时钟的 3 点、6 点、9 点、12 点相对应处)距肛门孔 2~3 cm 处直肠旁组织内分点注射。术后用上述药物同量肌内注射,早晚各 1 次,连续注射 3~5 天。同时饲喂营养丰富且柔软的饲料,多饮温水,7 天后恢复常规饲喂。

◎ 病例解析

直肠脱出发生的原因主要包括与直肠结构机能有关的因素如直肠韧带松弛、直肠发育不全或神经营养不良、肛门括约肌松弛,诱发因素如严重咳喘、慢性腹泻、便秘、病理性分娩,某些药物作用,如饲料霉菌毒素特别是赤霉烯酮刺激等引起猪强烈努责,腹内压增大促使直肠向外脱出。此外,仔猪维生素缺乏、饲料突变、环境等综合作用也是诱发本病的因素。该病是否与遗传因素有关需要进一步探讨。为减少因腹压增大或粪尿排泄污染而致手术操作困难,或因倒卧保定时造成膀胱破裂,术前应对病猪实施原发病治疗,可灌肠、导尿等。环切肠管时,肠管背侧痔动脉会发生喷射状出血,必须缝合结扎止血确实。

　　猪直肠脱出并发严重肿胀或坏死时,从外观上判定是否伴发肠套叠或膀胱及其他肠段嵌入是比较困难的。切开外层肠壁时应谨慎小心,认真检查处理,可先在脱出的外层肠管上做一个纵切口,用手指检查内外肠管之间是否夹有小肠、子宫和膀胱。在传统的直肠脱出切除整复术中,肠管断端需要缝合 2 次,且第 2 道黏膜层的连续缝合可能会导致直肠管腔狭窄;或因脱出肠管较多,直肠前段内牵力大而致内层直肠断端撕裂,肠管缩回骨盆腔或腹腔引起污染,导致缝合困难,甚至手术失败。在改良后的操作中,直肠断端只做一次结节缝合,临床实践结果表明一次缝合与两次缝合疗效相同,既不需要做直肠固定,也不会发生缝合困难及手术失败的情况,手术成功率达 100% 。

病例6 一起猪链球菌感染的诊治

◎ 基本信息和病史

2021年,重庆某小型猪场外购引进保育猪陆续开始发病,场内育肥猪前期饲养比较正常,偶尔散发急性链球菌病。

◎ 临床检查

饲养95日龄左右出现零星消瘦、个别猪伴随神经症状出现,发病猪只治疗效果不佳。就诊前,陆续死亡7头,有2头腹部、颈部发紫。养殖户反馈大群采食量正常,精神良好,未见明显异常。

◎ 实验室检查

剖检发病猪只发现,胸腔积液、心包积液(图3.6),肺脏水肿(图3.7),肾脏有出血点、肾结晶(图3.8)。

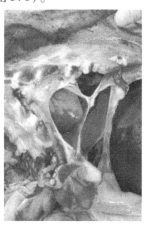 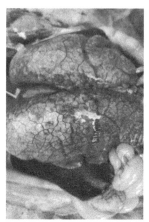 

图3.6 胸腔积液　　　　图3.7 肺脏水肿　　　　图3.8 肾脏出血

◎ 治疗和预后

应急方案:对未免疫猪瘟的猪群或免疫超过3个月的猪群全部普免猪瘟,补免猪瘟疫苗1头份,母猪群全群免疫猪瘟1头份,养户2021年9月13日已免疫猪瘟。

保健方案:对该批次猪群全群30%阿莫西林2 g/头,拌料保健7天;饮水中加入维生素C粉,其他猪群免疫前水里添加维生素C粉抗应激;每两天1次对猪舍环境用卫可1∶200消毒(消毒避开猪睡的地方),持续7天;注意天气变化,合理开关风机,保证猪舍空气质量和温差变化。猪群已平稳过渡,猪群恢复正常。

◎ **案例解析**

　　猪链球菌是具有荚膜的一种革兰氏阳性球菌。猪链球菌的定植部位为猪的上呼吸道,尤其是扁桃体和鼻腔。部分血清型的猪链球菌具有致病性,主要通过伤口感染,可引起猪的急性败血症、脑膜炎、关节炎、心内膜炎、肺炎等疾病。部分菌株可引起人类感染,造成细菌性脑炎或引起中毒样休克综合征。做好消毒,清除传染源,病猪隔离治疗,带菌母猪尽可能淘汰。污染的用具和环境用3%来苏尔消毒液彻底消毒。

病例7 一例罕见的母猪嵌顿性切口疝并发小肠外瘘病例

◎ 基本信息和病史

畜主请基层兽医对13头母猪进行阉割,其中一头猪肠管多次漏出且有出血,兽医用小挑刀刀钩多次塞回,十多分钟才完成手术,没缝针。术后第4日发现有一头猪采食量明显减少,偶有呕吐,阉割处隆起一包块,且有黄色粪水流出。术后第6日晚已不吃饲料。

◎ 临床检查

患猪体重35~40 kg,偏瘦,体温39.7 ℃。精神尚可,弓背,提起两前肢发现切口周围隆起,包块状。切口流出黄色稀粪,周围皮肤潮红、糜烂,呈湿疹样。触诊切口周围3~5 cm发硬,微热,未摸到孔洞。听诊无肠音。检查发现基层兽医阉割母猪采用的是"小挑花"术。

◎ 诊断结果

嵌顿性切口疝并发小肠外瘘。

◎ 治疗和预后

将猪倒立仰卧保定在一坡度为30°~45°的长木凳上,一人固定两后肢,一人固定两前肢。术部选在距原切口3~4 cm处环行一周,常规处理,碘伏消毒,用0.25%盐酸利多卡因对术部做局部环形浸润麻醉。

术部再次消毒后施行手术。术者右手持手术刀,在距阉割切口3 cm左右做一纵向椭圆形皮肤切口,分离切口周围皮肤和增生的结缔组织,然后分离皮下组织至腹腔,术者左手用手术镊提起未粘连的腹膜,右手用剪刀小心将腹膜剪一小口。左手食指伸入小切口耐心细致钝性分离肠管与腹膜粘连处及切口周围增生的结缔组织,将形成瘘管的小肠及粘连的肠管一并引到切口外,周围用温生理盐水浸湿的毛巾隔离,防止肠管破口粪便流入污染腹腔。仔细剥离粘连的肠管,发现粘连肠管为空肠,呈暗红色,肠瘘口位于空肠肠管底壁,大小0.5 cm×1 cm,肠侧壁与阉割切口周围组织紧密粘连,腹腔内未被粪便污染。确定切除肠段,结扎切除肠段三角区内的血管,切除病变肠段与肠系膜。术者将拟吻合肠管断端游离出1.5 cm,对齐靠拢并用左手拇指、食指紧张固定以便吻合,用温水(生理盐水250 mL加氨苄青霉素钠1 g)冲洗断端后,右手持缝衣针自两断端的后壁从肠腔内由肠系膜对侧向肠系膜侧做全层连续缝合。缝合至接近肠系膜侧时向前壁转针,将缝针从一侧肠腔黏膜向浆膜刺出,从另侧肠管前壁浆膜刺入,再从该肠腔内黏膜穿出,做康奈尔式全层缝合前壁,至肠系膜对侧后与后壁起始处的线尾于肠腔内打结。结节缝合肠系膜缺口。将5~8 mL温生理盐水与8万IU硫酸庆大霉素混合注入吻合的肠腔内进行渗漏测试,若有渗漏则在渗漏处作1~2针伦伯特氏间断内翻缝合,确认无渗漏后将肠管用温生理盐水氨苄青霉素溶液冲洗后还纳回腹腔,往腹腔内注入温甲硝唑氯化钠注射液 200 mL、硫酸庆大霉素 24 万 IU。修整切口周围组织,常规闭合腹壁切口,创缘用碘伏消毒。

术后静脉滴注 10% 葡萄糖注射液 100 mL,加肌苷、ATP 各 4 mL,维生素 C 6 mL;0.9% 氯化钠注射液 50 mL,加氨苄青霉素钠 1.5 g、地塞米松 15 mg。嘱畜主将病猪单圈喂养并保温,36~48 h 内禁食,自由饮温水,水中加阿莫西林可溶性粉、红糖,以减轻肠管压力,防止吻合处渗漏而污染腹腔。36~48 h 后少喂勤添营养丰富易消化吸收的代乳料 15 天。每天上、下午用阿尼利定 5 mL 稀释氨苄青霉素钠 1 g,肌内注射,连续 3~5 天。电话回访,第 3 天猪只即正常采食,精神良好,第 5 天伤口愈合良好,第 8 天畜主自行拆线,至今猪只长势良好。

◎ 病例解析

"小挑花"术是我国基层兽医的传统技艺,技术性极强,从业者需勤实践,多总结,娴熟掌握细节要领,不断提高技术水平,细心、专注施术。术中若小肠频频冒出或用手指伸入腹腔探摸过卵巢子宫致腹膜切口超过 1.5 cm 左右时应进行缝合,以免腹腔内容物坠入皮下形成切口疝。猪对空肠吻合术耐受性较强。编者曾对多例类似患猪施行肠管吻合术,术中未使用肠钳夹持肠管断端,改用左手拇指食指捏住断端,消除了因肠钳夹压而引起吻合口血液循环障碍,以减轻吻合口水肿,有利于吻合口愈合。右手用缝衣针线实施肠管缝合,避免吻合口环状狭窄,确保肠腔畅通。吻合时动作宜轻巧,减少翻动肠管,防止粘连。吻合时吻合口的黏膜应内翻,确保两侧吻合的均匀边距、针距整齐划一,减少吻合处缺血肿胀变脆,导致吻合失败。还纳肠管时切勿扭转肠管。术中注意隔离,避免切口及腹腔污染。

病例8 一例仔猪先天性猪瘟的防治病例

◎ 基本信息和病史

2024年2月底,重庆市万州区某小型猪场出现1头母猪产下仔猪后,仔猪在1~10日龄内相继死亡7头。据畜主介绍,该窝仔猪发病前猪场并未发生过猪病,所产仔猪出生即出现顽固性下痢,个别出现呕吐,均有不同程度的精神沉郁、寒战,仔猪用猪瘟细胞苗超免。相近几天保育猪也陆续出现发热,精神沉郁,扎堆,厌食,死亡13头,自行用药不见效果。

◎ 临床检查

此场以潲水喂猪为主,清洁卫生、环境条件较差,保温不力,通风不良。问诊得知该头母猪不久前购于农户家。存活的4头仔猪、6头厌食的保育猪体温均在40.2~41.3 ℃,母猪正常。进一步检查发现病仔猪两耳有大量蓝紫色出血点,腹股沟淋巴结肿大、蓝紫色,下腹部皮肤有蓝紫色出血点。

◎ 实验室诊断

猪瘟病毒抗原快速检测卡检测(胶体金法)病仔猪和该头母猪,结果呈阳性。剖检刚死亡的仔猪,表现为:淋巴结肿大出血,颌下淋巴结和腹股沟淋巴结尤为明显,表现为肿大、充血、出血和呈大理石样变;肾脏先天性畸形且表面有出血点,皮质、髓质、肾乳头均有出血;脾脏梗死,边缘尤为明显;在盲肠及结肠,尤其在回盲瓣附近黏膜上有大小不等的纽扣状溃疡;喉头、会厌软骨出血明显。采取病料送实验室检测,做冰冻切片,再进行猪瘟荧光抗体标记显微镜检查,结果呈阳性。

◎ 诊断结果

由临床症状、剖检变化结合实验室检查,诊断为妊娠母猪持续性感染猪瘟病毒所产仔猪发生先天性猪瘟。

◎ 治疗和预后

确诊为仔猪先天性猪瘟后,立即对该猪场未发病的假定健康猪紧急接种猪瘟脾淋苗3头份,饲料中添加排疫肽、林可-大观霉素、阿莫西林、板蓝根粉、黄芪多糖粉、连续饲喂7~14天,每月添加1次。隔离症状猪进行观察,用猪瘟病毒抗原快速检测卡检测,阳性猪采用特异性和非特异性治疗提高猪只抵抗力,并结合控制继发感染等综合防治措施,即用抗猪瘟高免血清或信必妥;黄芪多糖注射液、干扰素混合肌内注射,每日1次,连用3天;再配合肌内注射头孢噻呋钠注射液,每日1次,连用3天,同时病猪饮水用电解多维、葡萄糖粉、板蓝根粉、杨树花口服液,饮用7天;淘汰带毒母猪和病情严重的病猪。按上述方法处理7天,待病情缓解后再接种猪瘟脾淋苗2头份。圈舍、用具、环境全面彻底消毒,用安灭杀、卫康喷洒栏舍,带猪消毒每天1次。通过以上防治措施,本场疫情很快得到控制。

◎ 病例解析

目前,急性猪瘟已不多见,现多表现为猪瘟病毒持续感染妊娠母猪,导致母猪繁殖障碍和免疫失败,并通过胎盘感染仔猪,妊娠母猪本身不发病,产下弱仔、仔猪先天带毒与免疫耐受,部分仔猪出生后陆续死亡,部分则长期带毒并排毒感染健康猪,带毒仔猪不能识别猪瘟病毒与猪瘟疫苗,仔猪接种猪瘟疫苗也不会产生免疫效果,导致免疫猪群发生猪瘟,损失惨重,应高度重视。

新购猪来源复杂,该场条件恶劣,带有猪瘟野毒的可能性很大,购回带毒猪后即进场是引发这次疾病发生的主要原因,因此,提醒各位养猪户,引种需谨慎,不要购买怀孕母猪,坚持"自繁自养"。制定科学合理的免疫程序,选择质量稳定、安全可靠的猪瘟脾淋苗免疫和紧急接种,使猪群猪瘟抗体保持较高水平,以提高猪只的特异性免疫力,控制母猪猪瘟病毒持续感染。由于该病常与其他疾病混合发生,病情更加复杂,应用免疫增强剂增强猪只的非特异性免疫力,加强保健预防,控制继发和并发感染。

采取综合措施进行防治,饲喂优质全价饲料,改善猪场环境卫生,促进保温通风,做好环境消毒;加强种猪疫病监测,淘汰不合格种猪;一旦发病应迅速诊断,积极扑灭。

4 牛羊病篇

病例 1 一例牦牛顽固性窦道病例

◎ 基本信息和病史

一例牦牛因苍蝇叮咬皮伤感染未能及时控制,发展成臀部深部肌肉感染性窦道的病例,经常规清创及抗感染治疗仍反复发作,后经使用亚甲蓝染液引导,外科手术切除窦道后方痊愈。

◎ 临床检查

2022 年 8 月发现其左侧臀部髂部处皮肤有破损,有少许分泌物,予喷碘酊处理,皮肤表面很快愈合。至 9 月,同部位伤口扩大,并有一大小如鸡蛋的化脓灶,进行清创处理后,肌内注射头孢曲松 2 g/次,每天 1 次,连 7 天,口服奥硝唑片 8g/次,每天 1 次,连 7 天。经以上治疗后,局部炎症反应目观消失,伤口愈合。至 11 月 12 日,该牦牛同处患部见被毛沾湿,并见有苍蝇叮咬。剪开被毛见一小指头大小的伤口,有炎性分泌物渗出,清创后敷头孢唑林钠和磺胺粉,肌内注射头孢唑林钠 2 g/次,每天 2 次,连 3 天,定期进行伤口清创并口服奥硝唑抗厌氧菌处理,其间炎症反应有所减轻,表皮愈合,但皮下炎症不能最终消失。至 12 月 10 日复检,见伤口覆盖大量脓性黏稠分泌物,挤压检查周边组织有痛感,边界不清,无波动感,用棉签探查未能探查到底,患部已形成窦道。

◎ 实验室检查

取窦道内分泌物常规显微镜检查,可见白细胞(++),红细胞少许,脓细胞(++)。

取窦道内分泌物在血琼脂培养基进行需氧培养和厌氧培养,结果均有溶血性 G-杆菌生长,菌落产绿色素。治疗 8 日后,再取窦道内分泌物在血琼脂培养基进行需氧培养和厌氧培养,结果无菌落生长。

药敏试验发现,头孢他啶、头孢哌酮钠舒巴坦钠、左氧氟沙星、头孢曲松、头孢噻肟钠、哌拉西林等均敏感。

在导尿管的引导下进行窦道 B 超检查,如图 4.1—图 4.3 所示,检查到窦道垂直深度约 3 cm,窦道长约 32 cm,直径约 4.7 mm,窦道周边肌肉组织有炎症反应。窦道内未见囊腔结构。

◎ 诊断结果

臀部肌肉深部绿脓杆菌感染性窦道。

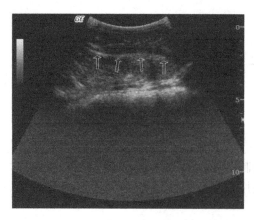
图4.1　B超检查图(窦道图)

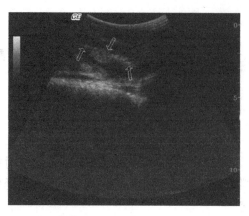
图4.2　B超检查图(窦道周边组织炎症反应)

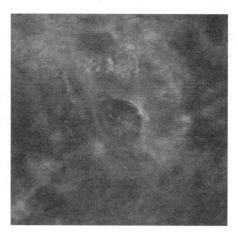
图4.3　B超检查图(窦道口)

◎ 治疗和预后

2022年12月14—22日,选用敏感抗菌药做全身抗感染和局部抗感染综合治疗。肌内注射头孢曲松钠2 g/次,每天1次,连用7天;窦道前期依次采用过氧化钠、0.9%氯化钠、康复新洗液、替硝唑溶液(3g头孢噻肟钠溶于其中)冲洗,每天1次,冲洗后放置引流条。经治疗后脓性分泌物有所减少,但窦道每天仍有新的脓性分泌物,窦道肉芽生长不明显,窦道直径仍有4.7 mm,动物无全身感染指征。

2022年12月23—30日,动物无全身感染指征,继续对窦道进行局部治疗。继续用过氧化钠、0.9%氯化钠、康复新洗液、头孢他啶1 g溶于替硝唑溶液中冲洗窦道,最后往窦道滴入干细胞生长因子1 mL,每两天1次,冲洗后放置引流条。经治疗后脓性分泌物减少得很明显,但仍有炎性分泌物少许,窦道肉芽生长,窦道直径减小至3.3～4.0 mm,长度变短至12 cm左右。

2023年1月1日—2月28日,动物无全身感染指征,膘情增加,继续对窦道进行局部治疗。用0.9%氯化钠、0.2%高锰酸钾溶液、头孢他啶1 g溶于替硝唑溶液中冲洗窦道,每一至两天1次。治疗过程炎性分泌物逐步减少,冲洗液干净,最后无肉眼可见的炎性分泌物冲出,窦道继续变浅至5 cm左右,窦道口愈合。

2023年7月29日—10月19日,窦道感染复发,浅表切开排脓,采集脓液做细菌培养及药敏试验,选择敏感抗菌药进行治疗。常规清创,用 0.2% 高锰酸钾溶液冲洗后,分别用庆大霉素 16 万 IU 和替硝唑 0.4 g 冲洗,放置引流条,填塞磺胺粉,同时口服奥硝唑片和氧氟沙星胶囊治疗,经 10 天治疗后,伤口无脓液排出,软组织愈合。

2023 年 1 月 18 日再次复发,患部表现同前。常规清创治疗 1 月余未愈合。考虑到该牦牛的窦道感染迁延不愈已有近两年,经传统的清创和口服敏感药物治疗均未能根治。于 2023 年 2 月 21 日对其行窦道切除术治疗。术前采静脉血做常规检查及生化检查,结果各项指标无明显异常,符合手术要求。术前禁食 24 h,禁饮 12 h,手术麻醉使用地西泮注射液 0.3 mg/kg 联合陆眠宁注射液 0.05 mL/kg,肌内注射。动物进入外科麻醉期后进行术部备毛,用 0.2% 高锰酸钾溶液先对局部进行清洗,用 2% 碘酊消毒术部。窦道插入导尿管,注入亚甲蓝染液进行窦道染色,用于引导手术切开。切开皮肤,钝性分离皮下组织及肌肉,沿导管切开肌肉组织,直至找到肌下脓灶或窦道末端。彻底切除窦道。先用过氧化钠对术部进行初步清洗,用 0.9% 氯化钠进行冲洗,然后对窦道壁、脓腔及周边坏死组织进行彻底清理和清洗,再用生理盐水和替硝唑溶液对伤口进行清洗。局部敷头孢唑林钠,伤口缝合,放置引流条。肌内注射鹿醒宁催醒。术后注射曲松钠和口服奥硝唑抗感染治疗 10 天,定期对伤口清洗和敷磺胺粉。护理过程可见创部局部软组织小范围有炎症过程和坏死,经长达 3 个月护理,伤口完全愈合,被毛生长正常,患牛膘情增加,强壮,随访一年,未见复发。

◎ **病例解析**

窦道由于其隐秘性、不通透性和分泌物难以排出性,其一般混合并发多种感染,常难以愈合。在治疗上,除针对感染细菌选用敏感药物治疗外,最重要和最根本的措施就是破坏瘢痕化的管壁,促进肉芽组织生长,最终使窦道愈合。主要有保守治疗法、切开引流法、手术刮除窦道法和手术切除法,窦道切除的疗程一般较长,1 ~ 3 个月不等。本例牦牛就并发了阳性细菌和阴性细菌感染,以兼性厌氧绿脓杆菌为主。在治疗本例牦牛的过程中,前期选用敏感药物抗菌治疗,使用高锰酸钾溶液腐蚀破坏窦道管壁,使用康复新溶液促进窦道内肉芽组织生长和填充等治疗方法,均不能彻底治愈。

亚甲蓝染液是一种芳香杂环化合物,可用于制造墨水和色淀及生物、细菌组织的染色,因而具有标记作用。在人类医学上,张红光等采用亚甲蓝染液标记窦道手术切除法治疗慢性窦道病 23 例,取得满意的效果。由于本例牦牛窦道深入肌肉深层,窦道口直径极小,隐秘性、不通透性极强,分泌物难以排出,加上历时长,反复多次,常规冲洗清创术不能治愈。笔者借鉴张红光等采用亚甲蓝染液引导技术,用亚甲蓝染液进行标记引导,彻底切除窦道结构及瘢痕组织并彻底清创,患牛才最终痊愈,不再复发。

病例2 一例肠炎型犊牛白痢的治疗

◎ **基本信息和病史**

2周龄的新生犊牛发病,最先出现腹泻症状,起初排出的粪便淡黄色、粥样且恶臭,继而出现水样,浅灰白色,污染后躯及腿部,常有腹痛。后期高度脱水、衰竭及卧地不起,有时出现痉挛。

◎ **临床检查**

犊牛食欲不振,瘦弱,体温下降,卧床不起,排出灰白色粥样粪便。

◎ **实验室检查**

取菌落涂片,革兰氏染色显微镜检查,发现菌体为革兰氏阴性,两端钝圆或杆状,单个或成双排列,无荚膜。

◎ **诊断结果**

肠炎型犊牛白痢。

◎ **治疗和预后**

药物治疗:土霉素35 mg/kg,肌内注射,每天2次,连用3天;口服补液盐,氯化钠1.5 g、氯化钾1.5 g、碳酸氢钠2.5 g、葡萄糖20 g、温水1 000 mL;乳酸2 g、鱼石脂20 g,加水90 mL调匀,灌服6 mL/次,每天2次。

◎ **病例解析**

犊牛白痢发病原因主要是饲养管理跟不上,导致犊牛抵抗力下降诱发了该病的发生。因此,在日常生活中,加强圈内管理,注意清洁卫生,驱虫、防疫、定期消毒,发现病牛及时根据症状合理用药,提前预防,避免损失。

病例3　一起羊支原体肺炎的诊治

◎ 基本信息和病史

某羊场有羊150只,其中有70只发病,死亡1只,发病羊以2月龄为主,体重15 kg左右,曾注射青霉素及头孢菌素类药物无效。

◎ 临床检查

发病羊主要表现为高热、咳嗽,胸腔和胸膜发生浆液性和纤维性炎症,病死率高。病初羊只体温升高,精神沉郁,食欲减退。随即咳嗽,流浆液性鼻涕。4~5天后咳嗽加重,干咳而痛苦,浆液性鼻涕变为黏脓性,常粘于鼻孔、上唇,呈铁锈色。病羊多在一侧出现胸膜肺炎变化,肺部叩诊有实音区,听诊肺部呈支气管呼吸音或摩擦音,触压胸壁,病羊表现敏感、疼痛,呼吸困难,高热稽留,眼睑肿胀,流泪或有黏液、脓性分泌物,腰背起伏作痛苦状。病羊在濒死前体温降至常温以下,病期多为7~15天。

◎ 实验室检查

剖检2只病羊,病变主要在胸部。胸腔内有淡黄色积液,暴露于空气后其中有纤维蛋白凝块。剖检见肺实质硬变,切面呈大理石样变化;肺小叶间质变宽,界限明显;血管内有血栓。胸膜增厚而粗糙,与胸膜、心包膜发生粘连。支气管淋巴结、纵隔淋巴结肿大,切面多汁并有出血点。心包积液,心肌松弛、变软。肝脏、脾脏肿大,胆囊肿胀。肾脏肿大,被膜下可见有小点状出血。

◎ 诊断结果

羊支原体肺炎。

◎ 治疗和预后

经检查将羊群分为病重羊群、症状轻微羊群和疑似感染羊群,对污染圈舍、用具、场地进行消毒。对病重羊群、症状轻微羊群和疑似感染羊群,分别采取不同的治疗方案。

疑似感染羊采取预防性治疗措施,泰乐菌素10 mL,恩诺沙星10 mL,肌内注射,每天1次,连用3天。发病轻微的羊用泰乐菌素5 mL胸腔注射,恩诺沙星5 mL肌内注射,每天1次,连用3天。口服甘草注射液10 mL,每天1次。病重羊用10%葡萄糖生理盐水250 mL,其中加入维生素C 6 mL、肌苷4 mL、ATP 74 mg、10%葡萄糖酸钙注射液10 mL,左氧氟沙星50 mL,分别静脉输液;口服甘草注射液10 mL。经以上方法治疗,发病的59只羊痊愈,其他疑似感染羊通过预防性治疗无发病现象。

◎ 病例解析

羊支原体性肺炎是由支原体引起的以呼吸系统侵害为主的传染病,发病率高,病死率也高,羔羊死亡率更高。该病一旦发现,应及早隔离、治疗,可尽早治愈。久治不愈的羊易产生耐药性,且经过长期治疗后痊愈的羊易转为僵羊。

羊支原体性肺炎传染性很强,一旦发生,要及时隔离并将发病羊按严重性分为病重羊和病状轻微羊,采取不同的治疗措施,其他未发病的羊进行预防性治疗,能较好地控制该病。坚持自繁自养,减少传入,确实需引进时需隔离观察1个月以上,确实无病才可合群。羊支原体性肺炎的发病受多种因素的影响,阴雨连绵、寒冷潮湿、羊群密集、拥挤等因素常诱发该病,加强饲养管理,提高羊只的抵抗力可降低该病的发生。给病羊胸腔注射时,动作要快,拔针要迅速,以防发生气胸,针头不能过长,以免刺伤肺脏。另外,注射量不能太大,避免因剧烈咳嗽而使药物喷出。灌药时动作不能过于粗暴,以防药物入肺,引发异物性肺炎。

病例4　一例马溃疡性跗关节炎的治疗

◎ 基本信息和病史

一匹成年公马因后肢跛行求诊。主诉创伤是由于竹子刺伤所致,治疗已有 3 周,但伤口仍未愈合。

◎ 临床检查

病马站立时患肢不能负重,蹄尖着地,不停歇踢,行走时缓慢小心,呈中度跛行,左后跗关节内侧溃疡,有脓汁流出。

◎ 实验室检查

病原分离鉴定法,采用分区划线法将无菌采集的关节脓液接种到普通琼脂培养基和麦康凯琼脂培养基,同时进行需氧和厌氧培养,24 h 后观察,发现厌氧培养条件下没有细菌生长,需氧培养条件下分离到菌株 A 和菌株 B。菌株 A 在普通营养琼脂平板上生长良好,生长成表面光滑、边缘整齐、稍隆起、不透明的圆形细小菌落,放置 2 ~ 3 天菌落由淡黄色变为黄色;麦康凯平板上未见细菌生长。菌株 B 在普通营养琼脂平板上可见圆形、稍隆起、表面光滑、边缘整齐、无色或接近灰白色的菌落;麦康凯平板上可见红色菌落。挑取单个菌落涂片,革兰氏染色显微镜检查,可见菌株 A 排列呈不规则葡萄球状,直径为 0.5 ~ 1.5 μm,无芽孢,无荚膜,革兰氏阳性球菌;菌株 B 为革兰阴性的短杆菌,两端钝圆,散在或成对存在。经生化鉴定,证实菌株 A 是金黄色葡萄球菌,菌株 B 是大肠杆菌。

取适量菌株 A、菌株 B 纯培养,菌悬液均匀涂抹于普通琼脂培养基上,表面贴上药敏纸片,37 ℃培养 24 h 后发现,菌株 A 对阿米卡星、青霉素高度敏感,对链霉素、氨苄西林中度敏感,对林可霉素、土霉素不敏感。菌株 B 对阿米卡星、庆大霉素高度敏感,对氟苯尼考、链霉素中度敏感,对氨苄西林、青霉素不敏感。

◎ 诊断结果

溃疡性跗关节炎。

◎ 治疗和预后

关节内植入纱布条,引流脓汁。病马六柱栏站立保定,系好胸环、腹环,将左后肢固定在栏柱上,溃疡周围剃毛消毒;用刀柄轻轻按压溃疡部位,彻底排除脓汁,先用过氧化氢溶液反复冲洗至无气泡后再用含青霉素的生理盐水冲洗;用止血钳将涂有阿米卡星的纱布条缓慢放入跗关节内,每天更换 1 次;伤口周围涂擦红霉素软膏。关节腔周围封闭。0.9% 氯化钠注射液 9 mL,地塞米松 1 mL,2% 普鲁卡因 3 mL,青霉素钠 320 IU,自家血 2 mL,混匀后关节周围注射,每天 1 次。治疗 4 天后,关节内已无脓性分泌物,向伤口涂抹防腐生肌散(由枯矾 500 g,陈石灰 500 g,熟石膏 400 g,没药 400 g,血竭 250 g,乳香 250 g,黄丹 50 g,冰片 50 g,轻粉 50 g,

粉碎混匀后制成),每天 1 次。连续用药 9 天后伤口完全愈合,28 天后患马后肢运动自如,完全恢复健康。

◎ **病例解析**

本病治疗时先做病原分离和药敏试验,选择有效的抗生素。冲洗关节时要彻底冲出脓汁,避免二次感染。引流后关节周围要进行封闭疗法,这样既能提高局部药物浓度,又能防止炎症扩散。待无脓汁和炎性产物排出后要涂抹防腐生肌散以促进伤口愈合。治疗期间应饲喂营养丰富的多汁饲料,要实时打扫圈舍,避免粪尿污染伤口。每天做 1~2 次的牵遛运动。

5 禽病篇

病例1 一起鸡传染性鼻炎病例

◎ **基本信息和病史**

成年鸡群病初表现为有少数发病,随后发病数量增多,一周后波及全群,发病率为90%。

◎ **临床检查**

病鸡闭目嗜睡,精神沉郁,食欲减退,打喷嚏、咳嗽,排绿色粪便,流浆液性鼻液,随后变为黏液性或脓性分泌物,于鼻孔处形成结痂,单侧或双侧肿脸,摇头,甩鼻,流泪,羞明,甚至肿头(图5.1)。

◎ **实验室检查**

眶下窦、鼻腔及气管黏膜出现急性卡他性炎症,眶下窦及鼻腔内充满灰白色黏液,还有干酪样渗出物(图5.2)。

图5.1 鸡传染性鼻炎临床症状　　　　图5.2 干酪样渗出物

◎ **诊断结果**

诊断为鸡传染性鼻炎。

◎ **治疗和预后**

药物治疗:肌内注射链霉素,每只成年鸡0.15~0.2 g,每天2次,连用3~4天;5%硫氰酸盐红霉素水溶性粉剂,混饮给药,每1 kg水添加1~3 g,连用4~5天。

◎ **病例解析**

防治本病主要是加强饲养管理,保持鸡舍通风良好,避免鸡群过分拥挤,注意防寒保暖,多喂一些含有维生素 A 的饲料,定期清粪,发现病鸡及时隔离,加强鸡舍消毒。预防方法如下:鸡传染性鼻炎油乳剂灭活苗在 6～8 周龄和开产前各肌内注射 1 次,每次 0.5 mL;鸡传染性鼻炎和鸡新城疫二联油乳剂灭活苗在 21～42 日龄颈部皮下注射 0.25 mL,42 日龄以上鸡颈部皮下注射 0.5 mL,注射后 2～3 周产生免疫力。

病例2 一起鸡霉形体病的诊治

◎ 基本信息和病史

鸡群80日龄,发病初期,有几只鸡精神不振,食欲不佳,肿眼,有呼噜声,曾全群投服10%阿莫西林可溶性粉,每100 kg饮水添加50 g,每天1次,连用4天,不见好转。

◎ 临床检查

病鸡眼肿,流泪,眼周围有大量分泌物。喉头有呼噜声,鼻孔周围被分泌物污染,呼吸不畅,打喷嚏,频频甩头。喝水多,吃料少,粪稀呈绿色,生长停滞,消瘦致死。剖检病鸡可见鼻腔、气管、支气管中含有多量黏稠的分泌物。鼻腔肿胀充血,喉头肿胀,气管黏膜变厚、变红,严重的气管内有纤维素状沉积,气囊浑浊、水肿、不透明,重症气囊增厚,囊腔有干酪样渗出物。

◎ 实验室检查

在载玻片上滴一滴鸡霉形体蓝色抗原,再加一滴被检病鸡血清,混合均匀1～2 min,4份血清样品均出现明显的凝集颗粒,判断为阳性。

◎ 诊断结果

霉形体病。

◎ 治疗和预后

全群投服酒石酸泰乐菌素,每100 kg饲料添加30 g,每天1次,连用5天。在鸡群饮水中添加喘咳利(麻黄、苦杏仁、石膏、甘草等),每100 kg水中添加200 mL,每天1次,连用5天。病鸡眼周围分泌物消失,呼吸通畅,呼吸道内分泌物逐渐减少,精神恢复。

◎ 病例解析

鸡霉形体病是一种接触性、慢性呼吸道疾病,每年冬季发病较多,当环境条件差时,如鸡群密度过大、鸡舍通风不良、氨气浓度过高、潮湿拥挤、营养缺乏、疫苗免疫应激、气候突变等都能激发该病。因此投药治疗时,疗程一定要够长,不应少于5～7天,同时加强饲养管理,改善卫生条件,这样才能迅速控制病原体的繁殖,取得良好的治疗效果。

病例3　一起鸭病毒性肝炎的病例诊治

◎ 基本信息和病史

2 600 只 18 日龄樱桃肉鸭发病邀诊。

◎ 临床检查

鸭群突然发病,精神萎靡,缩头,食欲减退或废绝,不爱活动,行动呆滞或不合群,常呈蹲卧姿势,共济失调,双翅下垂,眼半闭,发病后 24 h 内即出现神经症状,不安,步态不稳,全身性抽搐,角弓反张,侧卧,两肢痉挛性反复踢蹬,约十几分钟后死亡,亦有少数病鸭持续数小时死亡。喙端和爪尖瘀血、呈暗紫色,少数病鸭死前排黄色或绿色稀粪。

◎ 实验室检查

剖检病死鸭可见肝脏肿大、质脆、色暗淡或发黄,肝表面有大小不等出血斑,胆囊肿大、充满胆汁、呈长卵圆形,胆汁呈褐色、淡黄色或淡绿色;多数病鸭肾脏肿大、呈淡红色;有的脾脏肿大,其他器官无明显病理变化。

◎ 诊断结果

病毒性肝炎。

◎ 治疗和预后

取天竺黄、枳实、青葙子、黄芩、龙胆草、甘草各 30 g,大黄、板蓝根、朴硝、茵陈各 60 g(单包、后下),决明子、玄参、柴胡、生地各 50 g,加水 7 500 mL,浸泡 0.5 h,煎煮至 2 500 mL,取汁,再加水 5 000 mL,煎煮至 2 500 mL,取汁。两次药液混合,再加入朴硝,供 100 只雏鸭饮服。病情严重不能自饮者,灌服。

病情严重者预后不良,甚至死亡;轻症者预后较好,精神恢复良好。

◎ 病例解析

病毒性肝炎是由鸭肝炎病毒引起雏鸭以肝炎为主要特征的一种高致死性、传播迅速的病毒性疾病。

本病病原为鸭肝炎病毒,病鸭和带毒鸭为主要传染源,主要经消化道和呼吸道感染。各品种鸭均易感,主要感染 10 日龄左右的雏鸭,日龄大小与易感性成反比,多发生于 1～3 周龄的雏鸭,但死亡率以 10 日龄以内的雏鸭为最高,并且差异较大(15%～95%),1 周龄以内的雏鸭死亡率高达 95%,1～3 周龄达 50%,4～5 周龄以上者基本不发生死亡。一年四季均可发生,在大量育雏季节流行较广。

养殖户要加强雏鸭的饲养管理,创造良好的饲养环境,供给营养全面丰富的饲料,增强抗病力。鸭舍要光线充足、通风良好、温度适中、鸭群密度合理;尽量减少各种应激因素的发生;

切不可饲喂发霉、变质和冻结的饲料;坚持自繁自养,不从疫区或疫场购入带毒的雏鸭;定期对鸭舍、运动场和食槽等用具进行彻底消毒,应选择高效、无刺激性的消毒药,且经常更换种类;鸭舍门口应设置消毒槽,病死鸭必须进行深埋或焚烧等无害化处理;随时观察鸭群的健康状况,做到早发现、早隔离、早诊断、早治疗。

该病常用的防治措施如下:种鸭在开产前间隔 15 天接种鸭肝炎疫苗 2 次,每只每次注射 1 mL,之后隔 3~4 个月加强免疫 1 次。对无母源抗体的雏鸭,在 1~2 日龄时皮下注射 50 倍稀释的鸭肝炎弱毒疫苗,每只 0.1 mL。对有母源抗体的雏鸭,在 7 日龄时皮下注射 50 倍稀释的鸭肝炎弱毒疫苗,每只 0.2 mL。对发病鸭群可紧急注射高免卵黄抗体或血清来控制疫情,每只 1.0~1.5 mL。中西药配合,治疗效果更好。

病例4　一起鹅出血性坏死性肝炎的诊治

◎ 基本信息和病史

某养鹅户购进 3 200 只雏鹅,购买时鹅群已注射过小鹅瘟疫苗。于 2020 年 10 月 13 日,23 日龄时鹅群发病,发病后用青霉素钾饮水治疗,病情未见好转,病鹅瘫软无力,不能行走,3 天后出现死亡,疑为缺钙引起发病,在日粮中添加电解多维、禽用微量元素、磷酸氢钙饲喂未能控制病情,病鹅关节肿胀,有的濒死前出现仰头、扭头等神经症状,至 10 月 18 日共死亡 60 余只。

◎ 临床检查

病鹅精神沉郁,食欲减退或废绝,消瘦,行走缓慢或跛行;病情严重者瘫痪在地,排白色稀粪,两肢呈划水状,仰头张口呼吸,一侧或两侧跗关节或趾关节肿胀。

◎ 实验室检查

剖检病死鹅可见肝脏稍肿大、质脆、表面有大小不一的紫红色出血斑和散在的针头大小的淡黄色坏死点;脾脏稍肿大、有大小不一的坏死灶;胰脏坏死、表面有散在的针尖大小的出血点;肾脏肿大、出血;肌胃角质层下出血;肠管扩张,肠内充满气体,肠壁变薄,肠黏膜充血、出血;脑硬膜充血。

◎ 诊断结果

出血性坏死性肝炎。

◎ 治疗和预后

用病死鹅病变明显的内脏组织制成甲醛灭活疫苗,每只 1 mL,肌内注射。饮水中添加氟苯尼考(按 0.05%)和电解多维、维生素 C(按 0.1%),饮服。日粮中按说明书添加微量元素和清瘟败毒散(主要为黄连、黄芩、连翘、桔梗、知母、大黄、槟榔、山楂、枳实、赤芍等),喂服。鹅粪堆积发酵,用百毒杀(1∶600)对场地、环境、用具进行消毒。

该养鹅户 3 200 只雏鹅死亡率较高,达 60% 左右,少数病例预后不良。

◎ 病例解析

本病病原为鹅呼肠孤病毒,病毒通过水平和垂直传播。该病常发生于 1～10 周龄雏鹅,2～4 周龄雏鹅多发。在临床上有急性、亚急性和慢性经过。急性多见于 3 周龄以内的雏鹅,病程 2～6 天;亚急性和慢性多见于 3 周龄以上的雏鹅和仔鹅,病程 5～9 天。

病例 5 一起番鸭传染性浆膜炎病的诊治

◎ **基本信息和病史**

某养鸭户 800 只雏番鸭发病,曾用青霉素、链霉素治疗效果不理想,短期内多只番鸭死亡。

◎ **临床检查**

病鸭精神沉郁,缩颈,食欲减退或不食,双肢发软无力,站立不稳,剧烈下痢,粪为绿色或蛋清样,尾部轻轻抖摆,口腔有少量黏液,有明显的神经症状即转圈、倒退、跛行、摇头。

剖检病死鸭可见肝脏表面有白色纤维素渗出物覆盖,易剥离;心脏被白色纤维素渗出物覆盖,不易剥离;肺脏出血,气管呈浆膜性炎,脑膜出血。

◎ **实验室诊断**

取肝脏直接抹片,瑞氏染色显微镜检查,可见两极染色的单个或成对排列短小杆菌。

◎ **诊断结果**

传染性浆膜炎。

◎ **治疗和预后**

将雏鸭分为发病鸭群和健康鸭群隔离饲养,对鸭舍、运动场彻底清洗消毒。健康鸭用白头翁 150 g,黄连、黄檗、黄芪各 100 g,秦皮、白芷各 80 g 研为细末,拌入 100 kg 饲料中喂服,连用 3~5 天。用速灭菌饮水,连用 3~5 天;取阿米卡星 15 mg,克林美注射液 0.25 mL,地塞米松 1 mg,肌内注射,每天 1 次,连用 2~3 天。经治疗,鸭群发病个体症状缓解,群体发病率显著下降,预后良好。

◎ **病例解析**

传染性浆膜炎是指鸭感染疫里默氏杆菌,引起以纤维素性心包炎、气囊炎、肝周炎等为主要特征的一种细菌性疾病。本病病原为鸭疫里默氏杆菌。通过污染的饲料、饮水或环境等感染,亦可经呼吸道、皮肤伤口感染。各品种的鸭均有易感性,以 2~4 周龄雏鸭最易感,偶见 8 周龄鸭发病。常因引进带菌鸭而流行,并取决于病鸭的日龄、环境以及病菌毒力和应激因素,死亡率 5%~75%。

养殖户应注意鸭舍卫生、通风、干燥,饲养密度要合理,平时应勤换垫草,转群时要全进全出,经常消毒,冬春季节要做好鸭舍的防寒保暖工作,避免各种应激因素发生。病鸭场要采取综合性预防措施,消除或切断传染源、传播途径和易感动物。本病常与大肠杆菌病并发,能使病情加重,因此要注意饮水清洁和环境卫生。

病例6 一起商品鸡营养失衡病例

◎ 基本信息和病史

某养殖户饲养2 000只鸡,2020年7月12日开始发病,发病后使用阿莫西林、头孢噻呋拌料给药治疗1星期,未见好转。

◎ 临床检查

病鸡表现为精神沉郁,羽毛杂乱,食欲减退,嗜睡,连续1星期,每天有500只病鸡死亡。经询问得知该养殖户于2020年5月返乡养殖,与某饭店约定用粮食饲喂,不饲喂饲料。养殖户在饲养过程中除玉米、青菜外,未添加其他饲料及添加剂。

◎ 实验室检查

剖检病鸡只,病变相似,见病鸡极度消瘦,可视黏膜苍白,肺颜色淡,其他组织器官无明显病理变化。

◎ 诊断结果

初步诊断为饲料搭配不当引起营养不良而导致鸡群发病、死亡。

◎ 治疗和预后

改变饲养方法,全群鸡改喂商品鸡全价饲料,同时在饮水中加入电解多维,饲喂1星期后鸡群逐渐好转,经过两星期治疗,发病的2 000只鸡治愈1 935只。

◎ 病例解析

合理的饲料搭配是保证鸡只健康的根本保证,养殖户饲料单一是导致本病的主要原因。无公害鸡肉与饲料营养均衡不矛盾,养殖户可以自配饲料,但在选择饲料时要选择安全无污染的原料,并根据鸡只营养需求合理搭配。动物性产品安全与选择全价料还是粮食饲喂无关,只要全价料来自正规厂家,无违规药品、添加剂添加产品就可确保安全。

6 水生动物篇

病例 1　一例红鲴维氏气单胞菌病病例报告

◎ **基本信息和病史**

2019 年 3 月,某养殖场红鲴出现了以细菌性败血症并发"肠套叠"为典型症状的死亡。池塘主养红鲴,规格为每尾 750 g 左右,搭配有少量黄颡鱼,有少量黄颡鱼亦出现出血性死亡,每亩载鱼量为 500 kg 左右,pH 值、氨氮和亚硝酸盐分别为 8.3、0.5 mg/L 和 0.2 mg/L。发病前 10 天左右开始越冬后初次投喂,越冬期间曾拉网出售部分商品鱼。

◎ **临床检查**

寄生虫检查,鳃部、体表、肠道等组织器官目检和镜检后未发现寄生虫。

◎ **实验室检查**

取濒死病鱼进行剖检,头部大面积充血,鳍基部、鳍条充血明显,体表灰白,有圆形溃疡灶,腹部膨胀,肛门红肿。肾脏肿大、出血,肝脏灰白,肠壁稀薄、肠黏膜糜烂、肠腔内充满黄色脓汁,部分病鱼可见肠套叠。

无菌条件下取患病组织进行细菌的分离和提纯培养,获得一株优势菌株。采用 16SrDNA 通用引物和 DNA 促旋酶 B 亚单位蛋白(gyrB)基因进行 PCR 扩增、测序,通过 NCBI-Blast 同源性比对发现与维氏气单胞菌的同源性最高。

◎ **诊断结果**

该病例的主要致病菌为维氏气单胞菌。

◎ **治疗和预后**

水质调节:换去 1/2 的塘水,聚维酮碘 1 g/m³ 全池遍洒,隔 1 天用 1 次,连用 2 次。由于该病病程时间持续较长,15 天后加用 1 次。

药物治疗:氟苯尼考拌料投喂,每天 10 mg/kg,加入适量鱼用多维,分 2 次投喂,连用 14 天,病情没有得到彻底控制,改用恩诺沙星,每天 30 mg/kg,投喂次数与氟苯尼考相同,连用 15 天后,病情得到完全好转。

日常管理:加强巡塘,及时清除死鱼;降低饲料投喂量,发病期间投喂量为正常投喂量的 1/3;及时加注新水。

◎ **病例解析**

细菌性败血症并发"肠套叠"为鲴鱼的临床常见症,4~6 月高发,病程一般呈慢性经过,持续死鱼达 10 天以上,累积死亡率达 50% 左右。从全国来看,各地发病症状有所差异,分离鉴定的主要病原也不尽相同,可能性病原有鲴鱼爱德华氏菌、柱状屈挠杆菌、气单胞菌和嗜麦芽寡养单胞菌四类。该病例的主要致病源为维氏气单胞菌,该菌为典型的条件致病菌,在环

境胁迫加大,鱼体免疫力下降时,导致鱼大批死亡。该病例诱发的主要原因有三点:

第一,越冬期间拉网捕捞部分鲴鱼,拉网会造成鱼体产生不同程度的损伤,尤其是对于鲴鱼,其鳍条上有硬棘,拉网造成的相互损伤更为严重,往往在越冬后导致疾病发生,因此,越冬前后和越冬期间拉网要做到全塘出售。

第二,没有做好越冬后的投喂管理,该病的发生出现在越冬开食后的第10天左右,鲴鱼具有类似于哺乳动物的肠系膜,这可能是其频发"肠套叠"的生理学原因,越冬开食要做到循序渐进,投喂专用饲料,避免发生肠炎。

第三,越冬期水质过肥,氨氮和亚硝酸盐超标,鲴鱼长期处于应激状态,抵抗力下降,导致细菌感染。因此,越冬水质不宜过肥,应及时换水或加注新水,保持水质的"肥、活、嫩、爽"。在水质条件较好的池塘,发病特点表现为病鱼的零星死亡,一般用药7天后能得到基本控制。水质条件较差的池塘,疾病往往呈急性暴发,死亡率高,病程持续时间长,有的甚至达两个月以上,药物的治疗效果往往不甚理想。生产上应以综合防控为主,加强日常管理,做到"早发现、早治疗",严格遵守投喂的"三看、四定"原则,及时做好水体养护,尽可能减少应激。

病例2 一例草鱼肌肉出血病的诊疗

◎ **基本信息和病史**

2019 年 4 月上旬,某养殖场草鱼苗种出现了以肌肉出血为典型症状的死亡。池塘单养,鱼种规格 20 cm 左右,亩放养量为 1 000 尾左右;pH 值、氨氮和亚硝酸盐均正常,配有增氧机,排灌水方便。苗种为 3 月初异地购入,发病前 1 周连续 3 天气温骤升,有"倒藻"现象出现,放养后没有用药。

◎ **临床检查**

寄生虫检查,鳃部、体表、肠道等组织器官目检和镜检后未发现寄生虫。

◎ **实验室检查**

取濒死病鱼进行剖检,发现肌肉出血、鳍条基部出血、口腔广泛性点状出血,脾脏瘀血、肿大,呈酱紫色,肾脏和肝脏充血肿大,肠壁点状出血,鳔出血。

草鱼呼肠孤病毒三重 PCR 检测为阴性。无菌条件下取肝、肾、脾、脑等处病料进行细菌分离、纯化和培养,仅获得 1 株细菌。用 16SrDNA 通用引物进行 PCR 扩增、测序,通过 NCBI-Blast 同源性比对,发现与鲁氏耶尔森菌(Yersinia ruckeri)的同源性达 99%,结合回归感染实验,判定该病例的主要致病菌为鲁氏耶尔森菌。

◎ **诊断结果**

该病例的主要致病菌为鲁氏耶尔森菌。

◎ **治疗和预后**

水质调节:用聚维酮碘 1 g/m³ 全池遍洒,隔 1 天用 1 次,连用 2 次。
药物治疗:恩诺沙星拌料投喂,每天 30 mg/kg,分 2 次投喂,连用 5 天。
用药前池塘已加注新水,用药后当天漫游病鱼明显减少,3 天后鱼行为基本正常,未出现死鱼。

◎ **病例解析**

该草鱼病例的典型症状为肌肉出血,发病水温为 17 ～ 22 ℃,疑似肌肉出血型草鱼出血病,但是流行病学特点与草鱼出血病不符,草鱼呼肠孤病毒三重 PCR 检测也排除了病毒感染的可能,亦未见明显的寄生虫侵袭。从病鱼的脑、肝、肾、脾等组织器官中均分离到单一的菌落特征相同的菌株,结合 16SrDNA 和回归感染实验,判定该病的致病菌为鲁氏耶尔森菌。鲁氏耶尔森菌属于肠杆菌科、耶尔森氏菌属,冷水性鲑鳟鱼类为易感品种,典型症状为肠炎和"红嘴",常引起重大经济损失。20 世纪 50 年代首次分离自美国爱达荷州的养殖虹鳟(Oncorhynchus mykiss),是养殖鱼类主要病原菌之一,引起草鱼发病的病例鲜见报道。该病例症状与肌肉出血型草鱼出血病的症状较为相似,典型区别为前者肌肉呈暗红色,后者为鲜红色,应注意结合流行病学特征和临床症状进行鉴别诊断。该病例诱发的主要原因有两点,一是运输,二是"倒藻"。运输或转塘往往会对鱼体产生不同程度的损伤,要注意放养前后的消毒,下塘后7日内做好巡塘管理,做到对病害的"早发现、早治疗"。春季气温变化较大,有时出现持续几天的高温现象,若池塘水质过肥,可能会出现"倒藻"现象,水质发生急剧恶化,造成疾病突发。鲁氏耶尔森菌和气单胞菌属的其他常见致病菌一样,是淡水鱼类细菌性败血症的主要病原之一,具有典型的条件致病性,发病早期采用外泼消毒剂和内服敏感抗菌药的方法能够达到较好的治疗效果。生产上应以防控为主,加强日常管理,做好水体养护,才能从根本上预防该病的发生。

病例3　一例乌鳢鰤鱼诺卡氏菌病病例报告

◎ **基本信息和病史**

2019 年 5 月,某养殖场乌鳢出现了以"结节"为典型症状的死亡。土池,单养乌鳢,规格为每尾 500～700 g,亩载鱼量为 2 000 kg 左右;pH 值、氨氮和亚硝酸盐分别为 8.5、0.5 mg/L 和 0.3 mg/L;主要饵料为冰鲜鱼,辅助投喂少量鸡肠、鸡肝等动物内脏;发病水温为 18～27 ℃;病鱼静止于池塘边缘的浅水区,开始几条,逐渐增多到十几条;三日内累计死亡率约为 2%。

◎ **临床检查**

病鱼部分表现为眼球突出,部分表现为体表溃烂。寄生虫检查,鳃部、体表、肠道等组织器官目检和镜检后均未发现明显寄生虫。

◎ **实验室检查**

剖检病鱼腹腔内有清亮液体流出,肝、肾、脾脏、心等主要器官表面布满针尖大小的白色结节,肌肉内有大小不等的结节状增生物。

无菌条件下取患病组织进行细菌的分离和提纯培养,获得一株优势菌株。该菌生长缓慢,各脏器上出现的菌落形态特征基本一致,为白色、沙砾样、边缘皱缩,菌落大小 1～3 mm 不等;革兰氏染色为阳性。菌株采用诺卡氏菌特异性引物(N5F1：5′-TGAGCC TGA ACT GCA TGG TTC-3′, N5R1：5′-ACG GTA TCG CAG CCC TCT GTA-3′)进行 PCR 扩增、测序,通过 NC-BI-Blast 同源性比对发现与鰤鱼诺卡氏菌的同源性最高。

◎ **诊断结果**

该病例的主要致病菌为鰤鱼诺卡氏菌。

◎ **治疗和预后**

水质调节:换去部分塘水(1/3～1/2),二氧化氯(10% 含量)0.2 g/m³ 全池遍洒,用药后开增氧机 2～4 h,隔 2 天用 1 次,连用 2 次。7 天后全池泼洒 EM 菌液。

药物治疗:将氟苯尼考注入冰鲜鱼的腹腔内,每尾注射 5 mg,同时在表面拌入少量维生素 C,每天投喂 1 次,连用到第 12 天,基本不再出现溜边等行为异常的鱼,继续连用 5 天,疾病得到完全控制,停止用药。

◎ **病例解析**

鰤鱼诺卡氏菌是鱼类诺卡氏菌病的主要病原,多数为腐生,少数营寄生,是一种典型的条件致病菌。乌鳢为易感品种,一旦感染,表现为病程长、治愈率低、累积死亡率高等特点,且容易继发其他细菌感染,造成极大的经济损失。有研究建议把氨苄青霉素作为治疗的首选药物,早期也有应用青霉素治疗成功的案例。不同地区和不同来源的分离株对抗菌药表现出不同的药敏特性,给该病的治疗带来了一定困难,因此建议对发病病例治疗时开展药物敏感试验,筛选敏感抗菌药,避免抗菌药的盲目使用。本病例采用敏感抗菌药氟苯尼考,获得了较好的治疗效果。

参考文献

[1] 徐茂森. 宠物犬反复假孕的手术治疗[J]. 江西畜牧兽医杂志, 2014, 33(4): 27-28.

[2] 高进东, 毛军福, 黎艳, 等. 犬贾第虫病病例报告[J]. 中国畜牧兽医, 2009, 36(9): 171-172.

[3] 廖勤丰, 徐茂森, 李文娟. 一例犬锁肛并发直肠阴道瘘病例的诊治[J]. 畜禽业, 2020, 31(3): 70.

[4] 张传师, 杨庆稳, 雍康, 等. 1 例泰迪犬蟑螂药中毒的诊治[J]. 江西畜牧兽医杂志, 2018, 37(4): 52.

[5] 杨庆稳, 雍康, 李灿. 1 例犬急性出血性胃肠炎的诊治[J]. 江西畜牧兽医杂志, 2018, 37(2): 38.

[6] 徐茂森, 肖榕, 胥辉豪, 等. 犬角膜二次移植病例[J]. 中国兽医杂志, 2012, 48(3): 68-69.

[7] 杨庆稳, 雍康, 李万方. 犬包皮撕裂缝合及其术后护理[J]. 黑龙江畜牧兽医, 2016(20): 215.

[8] 杨庆稳, 雍康, 王馨. 一例犬大面积皮肤撕脱的治疗与护理[J]. 江西畜牧兽医杂志, 2015, 34(4): 33-34.

[9] 向邦全, 胥洪灿, 张红强, 等. 内固定术治疗一例犬双侧髂骨及一侧股骨远端骨折病例[J]. 黑龙江畜牧兽医, 2012(16): 99-100.

[10] 杨庆稳, 张怡, 牟杰. 1 例犬吉氏巴贝斯虫与细小病毒混合感染的诊疗体会[J]. 江西畜牧兽医杂志, 2018, 37(4): 50-51.

[11] 贺闪闪, 郑小波, 喻维维, 等. 一例犬冠状病毒病的诊断与治疗[J]. 当代畜牧, 2022, 51(6): 42-43.

[12] 贺闪闪, 郑小波, 喻维维, 等. 一例泰迪犬子宫蓄脓的诊断与治疗[J]. 当代畜牧, 2022, 51(5): 41-43.

[13] 徐茂森. 犬股骨颈骨折的诊治[J]. 现代农业科技, 2017(9): 257-258.

[14] 徐茂森. 犬慢性肾炎误诊病例分析[J]. 现代农业科技, 2014(18): 261, 270.

[15] 叶正钦, 盘艳莹, 周鹏飞, 等. 猫下泌尿道综合征研究现状[J]. 动物医学进展, 2023, 44(2): 107-110.

[16] 李思琪, 程嘉奇. 一例猫急性乳腺炎继发乳房穿透化脓创的诊断与治疗[J]. 江西畜牧兽医杂志, 2020, 39(3): 57-59.

[17] 陈晓丽, 郭向阳, 郭世宁. 一例猫传染性腹膜炎的诊断及 GS-441524 结合艾灸治疗分析[J]. 黑龙江畜牧兽医, 2021(14): 77-81.

[18] 黄石磊, 谢录异, 何航, 等. 一例猫下泌尿道阻塞伴胃内异物的诊治报告[J]. 当代畜牧, 2021, 50(3): 27-29.

[19] 向邦全. 罕见的两性畸形仔猪子宫蓄脓病例报告[J]. 中国兽医杂志, 2017, 53(11): 92, 70.

［20］向邦全，廖勤丰，雍康．猪伪狂犬病并发副猪嗜血杆菌病的诊断与防制［J］．畜牧与兽医，2016，48（9）：158-159.

［21］向邦全．改良手术方法治疗猪严重直肠脱出及体会［J］．黑龙江畜牧兽医，2018（10）：136-137.

［22］向邦全．罕见的母猪嵌顿性切口疝并发小肠外瘘病例报告［J］．江西畜牧兽医杂志，2020，39（4）：47-48.

［23］向邦全，徐茂森，廖勤丰，等．1例仔猪先天性猪瘟的防制体会［J］．畜牧与兽医，2016，48（2）：145.

［24］吴有华，王敬，雍康．一起羊支原体肺炎的诊疗报告［J］．黑龙江畜牧兽医，2014（6）：75.

［25］程文超，雍康．一例马溃疡性蹄关节炎的诊疗报告［J］．黑龙江畜牧兽医，2015（6）：96.